陈 威 / 著

进 阶 篇

CG 造型基础与创作

文化藝術出版社
Culture and Art Publishing House

图书在版编目（CIP）数据

CG造型基础与创作. 进阶篇 / 陈威著. —— 北京：
文化艺术出版社, 2019.8

ISBN 978-7-5039-6762-7

Ⅰ.①C… Ⅱ.①陈· Ⅲ.①三维动画软件 Ⅳ.①TP391.414

中国版本图书馆CIP数据核字(2019)第176300号

CG造型基础与创作 进阶篇

著　　者　陈　威
责任编辑　田　甜
书籍设计　赵　矗　楚燕平　姚　甜
出版发行　文化艺术出版社
地　　址　北京市东城区东四八条52号（100700）
网　　址　www.caaph.com
电子邮箱　s@caaph.com
电　　话　（010）84057666（总编室）　　84057667（办公室）
　　　　　（010）84057696—84057699（发行部）
传　　真　（010）84057660（总编室）　　84057670（办公室）
　　　　　（010）84057690（发行部）
经　　销　新华书店
印　　刷　北京荣宝艺品印刷有限公司
版　　次　2020年2月第1版
印　　次　2020年2月第1次印刷
开　　本　710毫米×1000毫米　1/16
印　　张　23.5
字　　数　400千字
书　　号　ISBN 978-7-5039-6762-7
定　　价　138.00 元

目
录

导读

　　本书的"进阶篇"分为"光色推理""色彩构成""质感表现""内容、构成和构图"以及"综合创作"这五个章节。

　　首先，你将会接触到与色彩有关的问题，这些问题包括了光色混合与色彩构成方面的疑问，它们将在相关章节中被解开；你也将学会如何表现不同材质的质感，这将让你笔下所描绘的事物变得更加真实可信。对于创作内容以及构图方面的研究将会在"内容、构成和构图"章节展开。我相信，学完这个部分，你就再也不能找类似于"不知道应该画什么""不知道如何编造有趣的内容"这样的借口了。

　　其次，在"综合创作"章节中，我将给你展示两个实际案例的推进过程，你会看到本书谈及的所有知识要点在实践中的应用，在这个章节中，我会毫无保留地和你分享我在创作中做出重要选择的依据。你也将学会运用已学过的各种知识，来画一个有意思的属于自己的完整作品。

　　最后，我会告诉你我对于创作的若干实践经验，我相信这些经验定将帮助你度过各种各样的学习瓶颈。

第1章
光色推理

色彩总是被许多人认为是绘画作品中最迷人的部分。

在调子方面，相比仅依赖明度关系的素描，一幅色彩作品能够呈现更多的对比关系，包括饱和度的对比、色相或冷暖的对比等。因而观众通过色彩作品感受到的抽象审美也会更加多元，这便是色彩之所以如此吸引人的原因。

本书涉及的色彩知识总体分为两块，分别是"光色推理"与"色彩构成"。

光色推理与光影推理的基本原则是相同的，学习目标也一致。简单讲就是通过理解光色规律推断出相对真实的色彩关系。它们的区别在于：在光色推理的过程中，你不仅要解决明度问题，还需要处理更多的光与物体表面的属性，也就是必须同时考虑调子在色相和饱和度上的变化。

这是本章节的主要学习目标，也是你完成可信的色彩默写的一个前提条件。

色彩构成则是色彩审美的核心要素，通过对色彩构成的学习，你将掌握"如何使自己作品的色彩关系更为协调"的方法，这些方法也将会极大地扩展你在创作上的色彩表现空间，这部分知识我们将在下一个章节中进行深入学习。

总之，请相信，色彩并不像你想象的那样难以捉摸，只要根据科学的方法持续练习，不断改进，你的色彩把控能力一定会越来越好。

一、光色渲染的基础条件和基本规律

在开始本章内容的学习之前，我们不妨先回顾一下光影推理的基本概念：

光影推理研究的是物体表面结构在特定光照下的明度表现。

光色推理研究的则是全因素的色彩表现。我们知道，颜色三要素包括色相、明度与饱和度，光色推理研究的因素比光影推理更多。因此，在理解和推理的难度上，前者是高于后者的，而后者可以被看作对前者学习的一种更易于接受的过渡状态。

换句话说，欠缺明度推理能力将会影响到你对色彩推理的学习。所以我建议大家在学习色彩推理之前，尽可能把素描基础夯实。这样，在色彩推理的学习过程中，你就可以减轻至少三分之一的负担。

另外，由于光影推理本质上是光色推理的一部分，大家在后续进行光色推理知识的学习以及色彩默写的时候，如果发现自己的推理结果看上去不太对劲，应该优先检查画面的明度关系是否出现了问题。

假如明度关系不正确，花费大量时间调整色相和饱和度关系是毫无意义的，因为明度是表现空间感、体积感和光感的主要因素。在练习过程中，随时检查明度关系是一个很好的作画习惯。

此外，光色推理沿用了光影推理几乎所有的专业名词，例如，"亮部""暗部""明暗交界线""投影""反光""闭塞"等，这些专业名词在本章节中的释义与光影推理章节中所描述的完全相同。

色彩推理中的"颜色三要素"，即色相、纯度、明度的相关释义在本书"观察与对比"的章节中已有详细描述，各位在学习本章内容之前，请务必先把这些基本概念都给搞明白。

Tips： 如何随时检查画面的明度关系？

CG 的绘画媒介，也就是各种绘画软件可以帮助我们轻松地检查画面的明度关系，以 Photoshop 为例：

打开一张图片，将它拖入 Photoshop 软件中，注意右侧的图层：

点击图层选项卡下方的按钮（创建新的填充或调整图层），在拓展菜单中选择"黑白"：

可以看到，此时在原图层上方已经新增了一个黑白的调整图层：

在绘画过程中，我们可以随时点击右侧图层的小眼睛按钮来切换黑白和色彩效果，以观察当前画面的明度关系是否正确。

与光影渲染相同，光色渲染的基础条件也是光源和表面，区别仅仅是：在光色渲染中，我们考虑这两个基础条件的时候，需要带上光色的因素。也就是说，你要把光源和表面看作色光和带有特定固有色的表面。

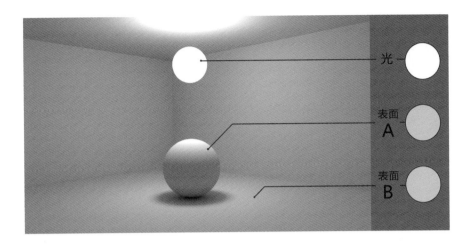

在上图这个光影模型中，我们设定空中的光球为光源，球体的表面为表面 A，地面为表面 B（以下皆同）。

如图片右侧的三个图例所示，我把光源设置为白色光，A、B 两个表面设置为 20％ 的灰色。由于光源色和表面固有色都为 "非彩色"，并没有色相的概念，饱和度也为零。因此，此时的光影模型可以被理解为一个仅有黑白灰概念的素描场景。

下面，我将借助这个光影模型来解释色光和带有特定固有色的表面的概念，这是你正确理解光色渲染的前提。

（一）色光

我们把带有不同颜色倾向的光简称为 "色光"。

视觉可见的光是一系列不同波长的电磁波，波长的差异引起了人眼在颜色识别上的不同感受。比如，波长为 770—622 nm 的光，眼睛会将其识别为红色，波长为 492—455 nm 的光，眼睛会将其识别为蓝色等。

看上图，我将场景中的光源设置成了一个色光，我们可以暂且使用观察物体固有色的方法来描述这个色光。换言之，在你观察任何光影模型的时候，你都可以以色相、明度与饱和度的指标，去观察和理解画面中的光源（注意，这种描述色光的方法是不严谨的，但在实际应用上更加便于理解）。

可以看到，原本固有色为灰色（无彩色）的 A、B 表面接受了色光照射，带上了色光的颜色倾向。

图中的夕阳是一个饱和度较高、明度较低的暖色（橙色）光。

由于阳光被厚厚的云层所遮蔽，上图中的色光来自天空，我们感受到的色光是饱和度较低、明度较低的冷色光。

这张照片里，中午的阳光给人的感觉是饱和度较低、明度较高的暖色光。

（二）带有特定固有色的表面

物体表面的固有色，实质上是光线照射到物体表面，然后因表面的物理属性差异而反射出来的不同波长的色光（固有色可以简化理解为：物体表面在温和白光照射下呈现出的颜色）。

如上图，我将光色模型中的光源设置为白光，那么，画面中球体饱和度较高的黄色和地

面饱和度较低的蓝色可以简化理解为它们的固有色。

尝试以色相、明度与饱和度来观察和区分下面图片中不同物体的固有色：

Tips： 不少同学可以很流畅地画完一个色彩临摹，但却无法在默写或者创作时应用临摹中能够轻易画出的颜色，这是为什么呢？

在本书"观察与对比"的相关章节里，我解析了色彩临摹中辨别颜色的方法和取色的技巧，这些技术有助于大家更顺利地完成临摹练习。但是，在光色默写和创作中，你要对所画的颜色有一个全新的认知才行。

看下图：

　　吸取上图中人物脸部的颜色，可以看到是一个饱和度较高的黄绿色。

　　假如临摹的本意是在练习"观察和对比"，当然应该更直觉地感知画面中的颜色，依照眼睛对画面的观察，直接拾取黄绿色来画脸部。

　　但是，如果进行的并不是临摹，而是一个光色默写或者创作的话，我们就需要通过一系列的推理"得出"这个黄绿色。在这种情况下，黄绿色并不是现成的答案，我们需要搞明白的是形成这个答案的条件。图中对人物脸部表面影响最大的因素，是手上发光的灯泡，因此，我们需要明确的是灯泡这个光源和脸部皮肤固有色这两个基本条件。

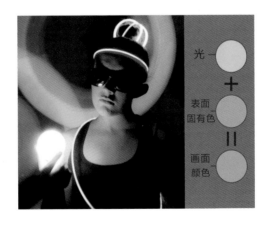

　　如上图，图中的色光是饱和度较高的绿色光；同时，根据常识可知，皮肤的固有色通常是低饱和的红色或黄色。画面中皮肤呈现的黄绿色，是由色光和皮肤的固有色发生混合作用而得到的（这个混合的过程也就是所谓的光色推理）。

　　那么，需要特别注意的一个问题就是：

　　只要你进行的是写实范畴内的光色默写或者创作练习，你画在画布上的任何颜色，都应该是固有色与色光混合的结果，而不是固有色本身。

事实上，很多被认为存在"缺乏色彩关系"弊病的作品正是出现了这个问题。作者往往画的只是印象或记忆中的固有色，而非固有色与色光混合之后得出的结果。清楚地知晓所画物体的固有色当然没问题，但实际落笔的时候画的却应该是色彩关系。

举例：

观察上图前景角色身上所穿的衣服，你应该不难感受到 —— 这显然是一件白色的衣服。但是，在画这件衣服的时候，我并不会直接使用白色，因为那只是衣服的固有色。我画的是色光（图中是昏黄天空的暖色光）和衣服固有色的混合。

吸色看一看这件白衣在画面暗部里的色彩：

印象中白衣的固有色

与色光混合后白衣的颜色

衣服的固有色（白色）在暖色光环境下，呈现出了倾向于色光的暖色。

（三）光色渲染的研究课题和基本规律

总的来说，光色渲染的研究课题就是 —— 找到色光和物体表面固有色混合的基本规律，借助得到的光色规律指导默写或者创作。

将这个课题分解开，则是两个学习目标更为明确的子课题，分别是：

不同固有色在某一色光下的总体颜色变化；

同一个固有色随明度变化而形成的颜色细分。

本节内容中，我们将围绕这两个子课题对光色渲染进行深入学习。

1. 不同固有色在某一色光下的总体颜色变化

在光色默写或创作练习的时候，初学者最经常遇到的关于色彩渲染的疑问就是："不同固有色的物体表面，在某个色光照射下，都各自会变成什么颜色？"

关于色彩渲染，我在自学初期时常想到下面这样的两个问题：

第一个问题，不同固有色的物体在某种氛围的光照中，为什么各是这样的颜色呢？

第二个问题，同样的场景，如果换一个氛围或光照（比如夕阳下的样子），每个物体的颜色各会变成什么样子呢？

与分析光影推理的相同，分析和研究光色问题，最有效率的方法就是把复杂的场景简化为一些光色模型。针对简明的光色模型的研究，更容易解开复杂场景中暗藏的光色规律。

先设置一个光色模型：

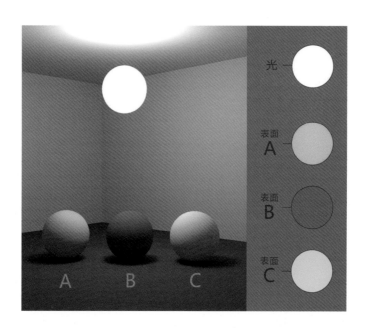

如上图，光色模型中的光源是一个白光，白光照射下的物体能够比较如实地还原固有色（物体固有色为图片右侧对应序号的三个色标）。我在之后的分析和研究中将利用这些光色条件的变化，总结出光色变化的基本规律。

尝试调整光源的光色：

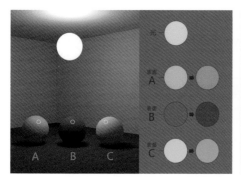

以上两个案例中，我把光源分别设置为红绿两个色光，然后吸取物体灰部区域（白圈内部）的色彩。可以发现，有色光照射之后得到的颜色，相比白光照射状态下的发生了变化，且不同色光照射得到的是截然不同的颜色——可是这些颜色的形成规律是什么样的呢？

别急，我将在本章结束的时候，利用随后总结出来的光色规律来解释这些颜色的形成原因。

（1）色光三原色——RGB

对架上或纸媒绘画有所了解的同学，应该听说过"原色"这个概念。

通过混合不同比例的某些颜色，能够调制出绝大部分其他的颜色；而其他颜色无论怎样混合，都无法调制出这些颜色，那么，这些颜色就被称为"原色"。

颜料的原色是红、黄、蓝这三个颜色。

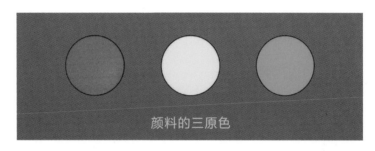

颜料的三原色

通过混合不同比例的红、黄、蓝色（以及黑白这类无彩色），可以调出我们在调色盘或画作中看到的绝大多数颜色。

在CG绘画中，我们不使用颜料而是直接从绘图软件的拾色器中选取颜色。那么，绘图软件中的颜色是否也有"原色"的概念呢？

是的，与在架上或纸媒中使用的颜料三原色有所区别的是，在CG绘画中，我们应用的是"色光的原色"。

色光的原色是红、绿、蓝这三个颜色，它们也被称为 R（红）G（绿）B（蓝）三原色。

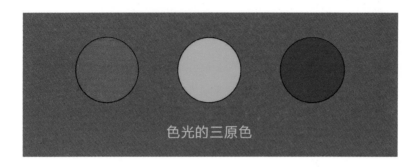

由于人眼感知颜色实际上就是在感知色光（也就是某个波长的电磁波），所以，从某个角度来看，对 RGB 的认知反倒更触及颜色的本质。而颜料三原色更像是通过人造媒介对色光混合的一种不无妥协的模仿。

与颜料三原色相同，色光三原色也能以不同比例的 RGB 混合出各种各样其他的色光。

我们在计算机显示器或手机屏幕上看到的图像由许多像素组成。从微观上看，每一个像素是由 RGB 这三个小灯所构成的。如下图：

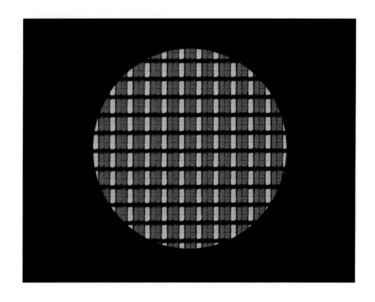

RGB 三个小灯以不同的亮度发光（类似于调入多少比例的该种颜色）所形成的组合，在人眼看来就呈现为不同颜色的像素。

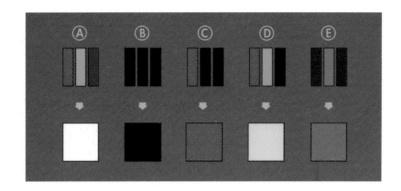

例如，对应上图序号：

A．当 RGB 三个小灯都以100％的亮度发光时，微缩来看，人眼会把这个像素感知为白色；

B．当 RGB 都不发光的时候，人眼感知像素为黑色；

C．当 R 发光，GB 不发光的时候，人眼感知像素为红色；

D．当 RG 发光，B 不发光的时候，人眼感知像素为黄色；

E．当 RGB 各以不同亮度发光的时候，人眼感知像素为各种色相、明度、饱和度不一的颜色。

这跟我们在调色盘上调色是一个道理。那么，颜料三原色有互补色，光色三原色是不是也有互补色呢？

是的。

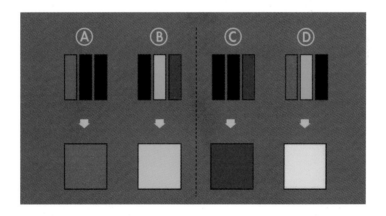

看上图：

图 A 中，R 是发光的，GB 不发光，像素呈现为红色，图 B 中，GB 发光而 R 不发光，呈现为青色。A、B 两个像素在发光状态上是互补的，因此，在色光中，红色与青色是互补色（图 C 和图 D 也是同理，蓝色与黄色也是互补色）。

这种色光互补的特征，在绘图软件拾色器的色轮中有着很直观的体现：

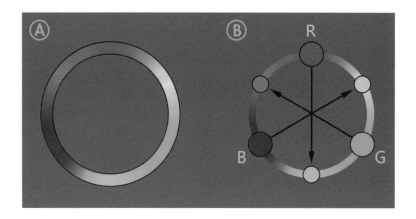

图 A 是绘图软件拾色器中的色相轮，色轮上的色相是按光谱顺序进行排序的。在图 B 中找到三原色即红绿蓝的位置，此时，在色轮上与三原色成 180°对应的色相，就是三原色的对比色，也就是：

红色—青色；绿色—品红色；蓝色—黄色。

这三组对比色关系请一定要记牢，它们对于光色推理来说意义重大。

（2）固有色的呈现与"色光染色"现象

前文中提到，物体的固有色可以简化理解为"物体表面在温和白光照射下所呈现出的颜色"。

这意味着白光最能够体现物体表面的固有色。

在下图这个光影模型中，我给石块设置了不同的固有色，并且定了一个白色的光源，然后经过渲染得到了光色反应的结果。图片右侧的两列色标分别是：左列为我所设置的物体表面固有色，右列为经过色光照射后得到的颜色。

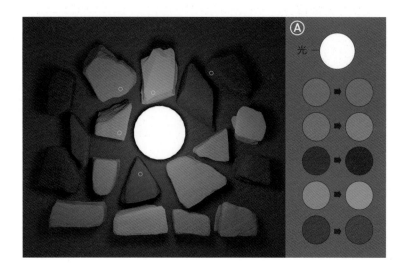

从上图中可以看到，在白色光照射下，物体固有色与光色反应后得到的颜色非常接近。那么，假如是不同饱和度的有色光照射，结果会有什么样的变化，我们又能从中得到什么样的光色规律呢？

　　重新设置一个色光，调整它的饱和度（光的色相不变），然后对物体进行渲染观察：

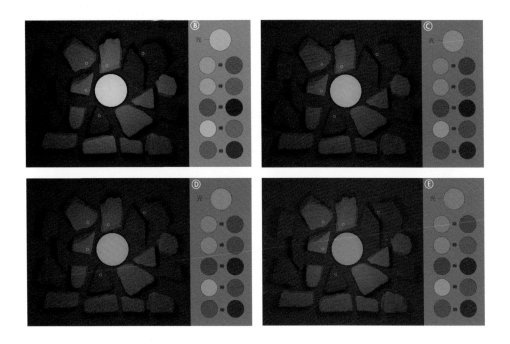

汇总渲染结果：

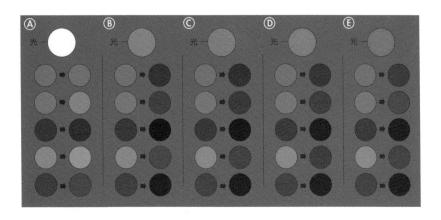

观察并对比渲染结果，能够得到下列光色规律：

　　·饱和度越低的色光，越容易体现物体表面的固有色，不同固有色的色相区分也更加明显；

　　·饱和度越高的色光，越容易使物体表面"染上"色光的色相，不同固有色的色相更不易区分；

　　·饱和度较低的固有色，更容易接受高饱和色光的染色而偏向色光的色相。

　　看看真实世界中的光色反应是否体现了上述规律：

　　夕阳西下，在饱和度较高的蓝色天空光照射下的城市，呈现出非常明显的"染色"现象，不同固有色的表面在这个色光影响下变得更加暧昧相融；

　　火光是饱和度非常高的暖光，在火光照射下，我们已经无法区分不同固有色表面的色彩差别了；

晴朗天气下的阳光是一种接近于白光的低饱和度色光（黎明或黄昏除外，这两种情况下的阳光光色偏暖），可以体现物体的大部分的固有色。

此外，除了主光源，我们还应该留意画面中其他色光的饱和度状态，如下图：

上面这个方块的左侧面处于阳光照射中，阳光是低饱和度光照，因此，方块表面各种不同固有色的石头的色相关系拉得很开；方块的右侧面处于阴影中，受到的主要是天空光及地面漫反射的影响，图中的天空光和地面漫反射形成了饱和度较高的绿光，绿光使暗部受到了明显的染色（传统美术概念中称为"环境色"。但你要明白，这仍然属于色光和固有色的混合，这和所谓的"光源色"并没有本质的差别），暗部中不同的固有色也显得比较融合统一

了。同时，可以发现，暗部中固有色饱和度较低的石头表面接受了更为明显的绿光染色。

在我们进行光色默写或创作的时候，尽可能早地确定一个画面中各种色光的饱和度状态，有利于我们控制画面全局的色彩气氛：

假如某个色光饱和度偏高，就应该让物体接受色光的"染色"，减弱不同固有色之间的色相对比；假如某个色光饱和度偏低，就应该尽可能表现出不同物体表面固有色的区别。

（3）色光与固有色的"邻近 & 对比"关系

上一个小节中，我们了解到了色光对物体固有色的呈现与染色作用，那么在某个色光照射下，物体固有色的色相变化到底有什么规律呢？

要搞明白这个问题，需要理解的一个重要概念就是 —— 色光与固有色色相"邻近与对比"的关系。

对应下图中的色环，先认识几个相关的名词：

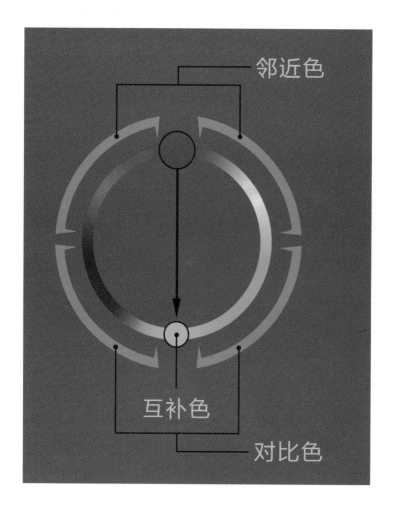

以红色为例：

邻近色：红色两边90°之内的色相，有时邻近色也被称为同类色；

互补色：红色正对面180°的那个色相（即青色）；

对比色：互补色（青色）左右两边90°之内的色相。

研究光色和固有色的"邻近 & 对比"状态是光色推理的核心要点，下面我们通过若干渲染测试来探知它的相关规律。

在下图这个光影模型中，我按色轮的色相顺序和位置放置了一圈彩色球体，内圈对应的12个圆形色块是球体的固有色，在这个光影模型中我设定了一个白色的光源，经过渲染得到了光色反应的结果。图片右侧的两列色标分别是：左列为彩色小球本身的固有色，右列为经过色光照射后得到的颜色。

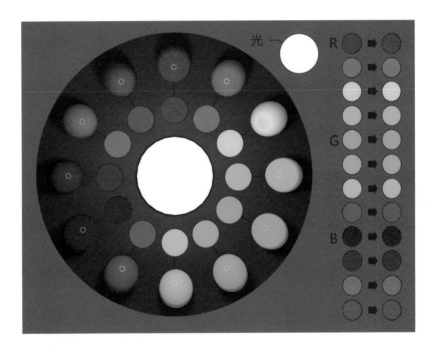

依照之前得到的光色规律或直接的观察，在白色光照下，12个小球的固有色被还原得非常完美。

接着，我们开始进行特定光色组合的 A、B、C、D 四组渲染测试。

A.　色光：100% 饱和度的红色光。

小球固有色：100% 饱和度的彩色。

对模型进行渲染：

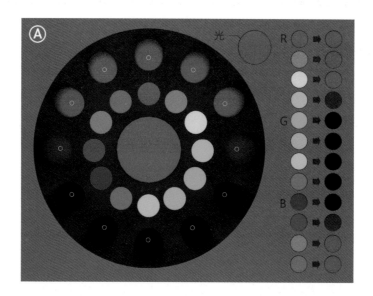

固有色饱和度为 100％ 的彩色小球在 100％ 饱和度的红色光照射下：

红色球的邻近色小球受到了明显的染色，它们都明显地偏向了红色（几乎成了红色）；

红色球的对比色小球（含互补色青色）则变得失去了色相或饱和度（几乎成了黑色）。

B. 色光：50％ 饱和度的红色光。

小球固有色：50％ 饱和度的彩色。

对模型进行渲染：

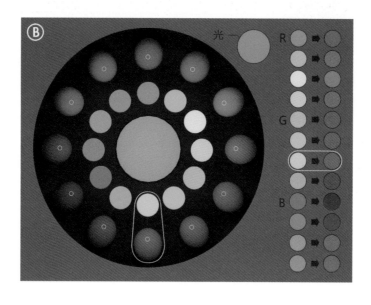

固有色饱和度为 50% 的彩色小球在 50% 饱和度的红色光照射下：

由于色光的饱和度降低，彩色小球的固有色得到了部分体现，不再像之前那样难以区分了；

红色球的邻近色小球仍然受到了红色光的染色，它们的颜色在色轮上的位置相对之前更加靠近红色了；

红色球的互补色即青色小球完全变成了没有饱和度的灰色（图中白圈标注的部分）；

红色球的对比色小球在色相上受到了红光的影响，并且它们变得更灰暗了，饱和度相比原固有色变得更低了一些。

C. 色光：100% 饱和度的红色光。

小球固有色：50% 饱和度的彩色。

对模型进行渲染：

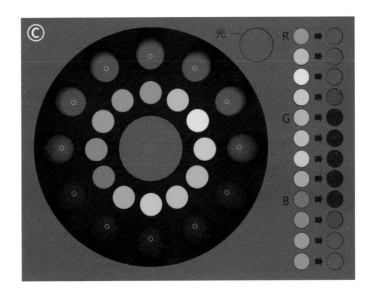

固有色饱和度为 50% 的彩色小球在 100% 饱和度的红色光照射下：

红色球的邻近色小球受到了明显的染色，它们都明显地偏向了红色（几乎成了红色）；

红色球的对比色小球（含互补色青色）也受到了明显的染色，但与邻近色小球相比，明度上变得更暗了一些。

D. 色光：50% 饱和度的红色光。

小球固有色：100% 饱和度的彩色。

对模型进行渲染：

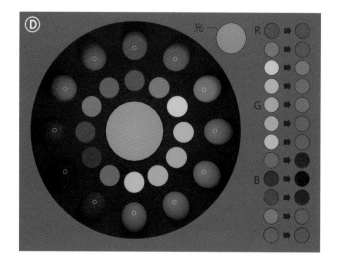

固有色饱和度为50％的彩色小球在100％饱和度的红色光照射下：

由于色光的饱和度降低，彩色小球的固有色得到了部分体现，不再像之前那样难以区分了；

红色球的邻近色小球仍然受到了红色光的染色，它们的颜色在色轮上的位置相对之前更加靠近红色了；

红色球的对比色小球（含互补色青色）在色相上受到了红光的影响，并且它们变得更灰暗了，饱和度相比原固有色变得更低了一些。

A、B、C、D四组渲染测试结束，汇总渲染结果，对应测试序号进行分析：

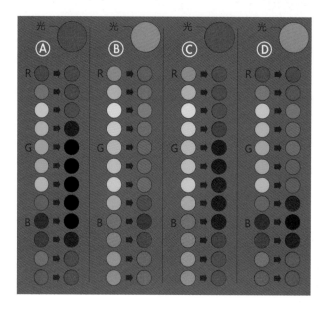

只要是有色光，都会在一定程度上对物体固有色色相造成影响，使之向色光的色相进行偏移，偏移的幅度取决于以下两个方面。

　　一方面是色光的饱和度高低差别：

　　色光的饱和度越高，物体固有色色相向色光的色相偏移就越强烈（如 A、C 测试）；色光的饱和度越低，物体固有色色相向色光的色相偏移就越微弱（如 B、D 测试）。

　　高饱和的黄色灯光使画面中几乎所有被照射的物体的固有色都明显地向黄色偏移；

　　绿色地面形成的色光饱和度不及前者，但仔细观察仍然可以发现角色的暗部受到了绿色光色影响，这些暗部表面的固有色稍稍偏移向了绿色。

　　另一方面是色光与物体固有色的"邻近 & 对比"状况差别：

色光与物体固有色的色相呈邻近色状态的时候，物体固有色的色相向色光的色相偏移就越强烈；色光与物体固有色的色相呈对比色状态的时候，物体固有色色相向色光的色相偏移就越微弱（请结合 B、D 测试中红色球的邻近或对比色小球的色相变化进行观察）。

在暖色灯光下，同属于暖色固有色的皮肤明显地向光色发生了色相偏移；

溪岸边白雪的暗部受到天光影响，明显偏向了天光的蓝色。而同受天光影响的野草的暗部却并没有明显向蓝色偏移，这是因为野草的固有色（黄色）与天光光色是对比色关系。

如果色光色相与物体固有色色相完全互补，且饱和度相当（如 A、B 测试中的青色小球），物体固有色的饱和度会削减至零（即变为无彩色）。

现实生活中这么极端巧合的现象是罕见的。但是，色光色相与物体固有色色相呈大致对比的状态的时候，通常物体固有色色相在感官上会变得较为灰暗（即饱和度和明度可能降低）。

　　皮肤的固有色是偏红的，在偏对比色类型的灯光（图中为青色光）照射下，图中人物角色皮肤的饱和度和明度都降低了，显得较为灰暗。

　　当然，这种情况下，饱和度和明度降低的幅度，还取决于色光和物体固有色的饱和度差异。如果两者色相呈对比状态，但饱和度相差较大的话，情况则也可能出现例外。

　　例如，一个高饱和的暖黄色光，照射一个低饱和的偏蓝色物体。此时虽然两者的色相是对比关系，但由于物体固有色饱和度低，多数情况下还是会被色光染色，也就谈不上颜色变得灰暗的问题了。

　　石头阶梯的固有色是浅的黄色，由于饱和度较低，在饱和度较高的蓝色天光影响下，虽然色相对比，但阶梯暗部还是受到天光影响，明显地染上了天光的蓝色。

　　低饱和度色光照射色相邻近的低饱和度固有色的物体表面，物体表面颜色的饱和度会明显提高（参考 B 测试中与红色光色相呈邻近关系的小球的饱和度变化）。

　　上图中，图片上方的石头材质与地面相同，颜色都为低饱和的暖色。阳光照射下的地面产生了低饱和暖光漫反射，低饱和的暖光影响到了上方石头的暗部，因为色相邻近，石头暗部颜色的饱和度得到了明显提升。

　　还记得本章节开头的两个光色渲染测试吗？现在我们可以使用上述光色规律来理解它们的色彩变化了：

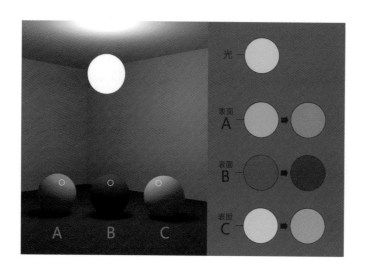

色光：中饱和的红色光。

表面 A（高饱和的黄色）：受红光影响，固有色向着红光的色相进行了偏移。

表面 B（中饱和的绿色）：色相与红光互补，且饱和度接近，固有色饱和度明显下降。

表面 C（低饱和的红色）：色相与红光邻近，固有色饱和度明显提升。

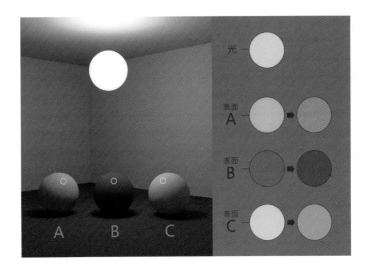

色光：中饱和的绿色光。

表面 A（高饱和的黄色）：色相与绿光邻近，固有色向着绿光的色相进行了明显偏移。

表面 B（中饱和的绿色）：色相与绿光邻近，固有色饱和度明显提升。

表面 C（低饱和的红色）：色相与绿光互补，但光色饱和度更高，因此，物体还是受到了色光的影响，固有色向着绿光的色相进行了偏移。

经过上面的测试和推理，相信各位对光色的混合规律有了进一步的认知。

2. 同一个固有色随明度变化而形成的颜色细分

上一章节中，我们了解了色光对物体固有色的总体影响规律，这能帮助大家理解类似"为什么某个物体在某种色光照射下是这个颜色"这样的问题。但是，关于色彩，我们还会看到下面这种现象：

从南瓜的亮部吸取 A、B、C 三个颜色，在色环中可以看到三个颜色的色相并不一样；

从刷了蓝漆的男人的暗部吸取 A、B、C 三个颜色，这三个颜色的色相也不一样。

这当中存在什么样的光色规律呢？

（1）色彩寡淡的原因之一

把上面这两张图片去色之后，你就会发现一个有趣的现象——无论是亮部还是暗部，同一个固有色的色相总是伴随着明度的变化而变化着。

很多素描基础已经不错的同学，在色彩方面容易出现的一个问题就是：无论怎样画，画面都有点不太像真正的"色彩"，总是有一股颜色寡淡的味道。出现这个问题的原因之一，很可能就是因为你在使用色彩塑造对象的时候，色相没有跟随明度发生变化。

换句话说，你画上去的那些颜色，明度按照素描规律正确地变化了，但色相没有跟着变化（或没有正确地变化）。

如下图：

图 A，色相没有跟随明度的变化而变化，给人以素描的感觉。即便画面色调是暖的，却没能表达出真正的火焰炙热的感觉；图 B，色相随着明度的变化而发生了变化。光感、色感和冷暖效果都有了真实世界的色彩特征。

本章节我们的学习目标就是要搞明白色相跟随明度变化的基本规律。

（2）色相跟随明度变化的基本规律

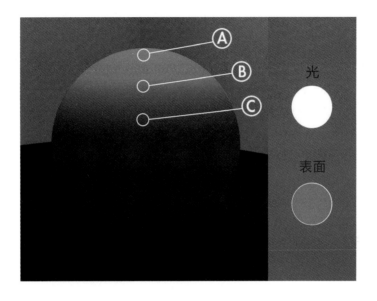

我们先设置一个简单的光色模型：

如上图所示，在白光照射下，球体表面基本还原了橙红色的固有色。我们在球体受光部分按明度高低分别取 A、B、C 三个颜色。

直观感受上，不少人会觉得：这不就是亮暗不一的三个橙红色吗？

我想要告诉你的是：人的眼睛或大脑具有某种欺骗性。你以为这三个颜色的色相都是相同的橙红色，实际上是受到了"我知道这是个橙红色球体"的认知的干扰。如果你直接仅仅使用明度不一的橙红色来绘制这个球体，那么，你的色彩就避免不了单调和乏味了。

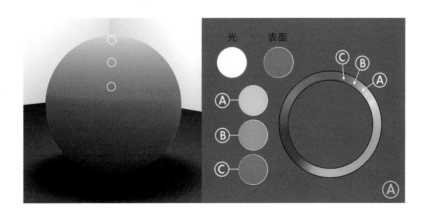

为了使色相的变化更易于辨识，我把白光的亮度加强了一些：

提高白光的亮度之后，A、B、C 的色相变化顿时就明朗起来了。我们可以看到，这三个颜色分别处于色环上的不同位置——它们的色相随着明度的变化而发生了变化。

因此，我们可以得出一条光色规律：

·同一光照下的表面，因光照强度差异，明度变化得越剧烈，色相变化也越明显；即便光照偏弱，明度差异不大，也应该意识到色相依然是存在微弱变化的。

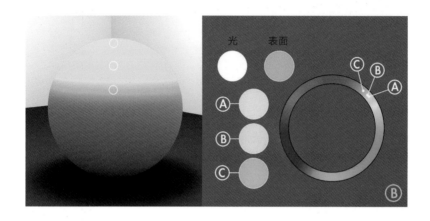

更换物体的固有色，这次我们让球体的固有色偏黄，再次进行测试：

所取的三个颜色的色相也仍然随着明度的变化而变化。你甚至可以在右侧的色轮中看到，A、B 两个颜色由于明度更接近，色相也相对更接近。

对比这两个光色测试的结果：

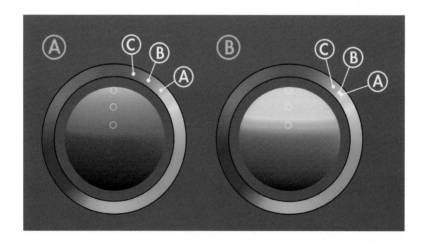

你会发现，两个测试中，物体表面的颜色随着明度由暗到亮，色相似乎有个共同规律——顺

时针偏移，可是规律是这样的吗？进行第三个测试：

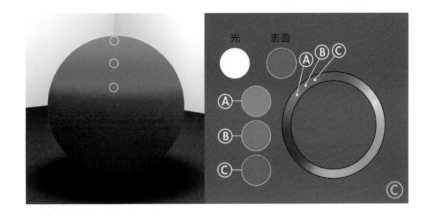

将物体固有色更换为这个色相之后，可以看到色相的偏移变了方向，变成了逆时针偏移，这又是怎么回事？

不卖关子了，让我来揭开谜底吧。

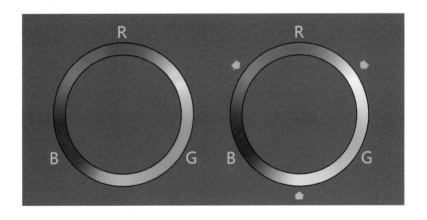

当我们把色轮转为灰度模式（即去除色相因素）之后，就会发现：

如果概括地把色轮归纳为"红、绿、蓝"和它们的互补色"青、品、黄"的话，在右侧黑白色轮中，"青、品、黄"（图中箭头标示处）的明度总是要亮于相邻的"红、绿、蓝"，这个规律是吻合"同一光照下色相随明度变化而偏移的方向"的。

也就是说：

物体表面固有色更接近于"青、品、黄"中的哪一个，接受光照（此处暂指白光）之后，表面的色相也会随明度变亮而偏移向"青、品、黄"中的那一个，并且最亮之处不可能越过

"青、品、黄"这三个色相。

举例对这个推理过程做一个梳理：

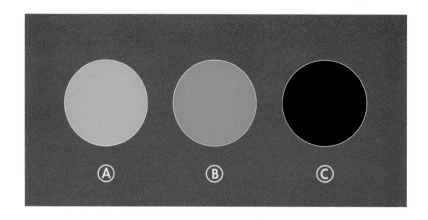

我们分别设定上图中的 A、B、C 三个颜色为物体的固有色。

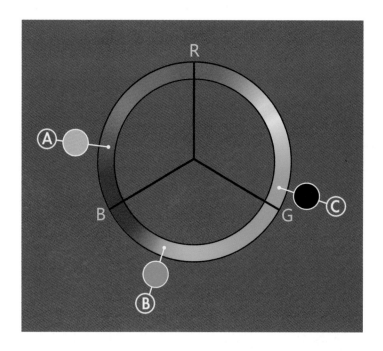

首先，你必须弄明白 A、B、C 三个颜色的色相，这样才能确定它们在色环上的位置。

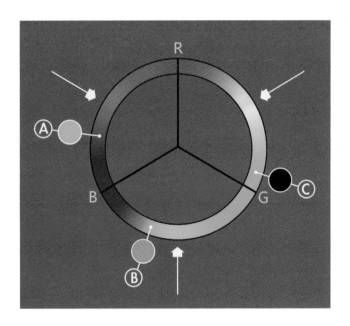

色相位置确定之后，你就知道这些颜色的色相分别更靠近"青、品、黄"中的哪一个了。

可以看到，A 靠近品红，B 靠近青色，C 靠近黄色（图中白色箭头标记出了"青、品、黄"的位置）。

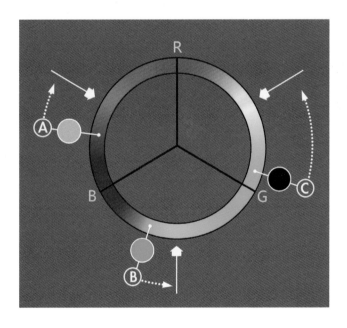

其次，按照光色规律，A、B、C 三个颜色的色相随着明度提升，应该沿着图中虚线箭头

所示的方向做偏移，并且最亮之处不会超过白色箭头所指的"青、品、黄"。

尝试通过以下三个渲染测试验证我们的推断是否正确。

A.

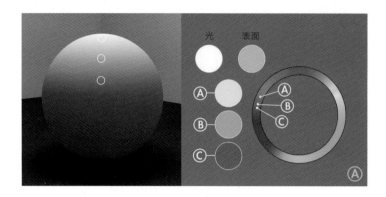

B.

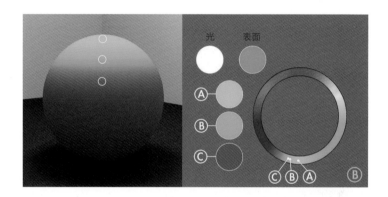

C.

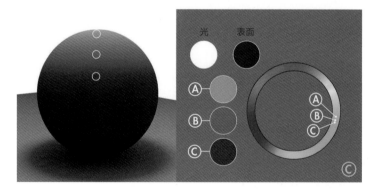

Tips： 由于所选的三个固有色明度高低不一，为了尽可能不使渲染结果曝光不足或过度，三个测试中，我分别使用了不同亮度的光照，以最大限度便于观察色相偏移的规律。

可以看到，渲染结果基本验证了我们对物体亮部色相所处色环区间和偏移顺序的推理。

此时我们再看这两张图片，利用所学到的光色规律，以色相匹配明度变化的角度观察它们，你是不是发现自己竟然可以初步理解色彩的变化规律了？

　　值得一提的是这张蓝色的图片，这个浑身刷满蓝漆的艺术家的大部分表面都处于暗部中（按环境推理应该是处于一棵树的阴影之下），而本章的测试或推理中我们所取的都是亮部的颜色，那么，暗部色彩的色相变化规律呢？

　　事实上，暗部与亮部并没有本质的差别。在光影素描的章节中我提到过，之所以你还能看到物体暗部中的结构或内容，说明暗部一样是受到了光照。我们只需知道光与表面的普适性规律，即可将规律应用到任意的光影或光色模型中去。

　　在亮部中，物体表面颜色随着明度的提升，色相逐渐向"青、品、黄"偏移；同理，在暗部中，随着明度的降低（例如，在结构进入死角或闭塞区域的位置），色相逐渐向"红、绿、蓝"偏移。

　　这一点，我们可以从上图角色衣领附近区域的色彩中感受到，衣领所形成的死角的深处更加偏向蓝色，而明度略高的开敞部分则相对偏向青色。

3. 光色规律的适用情况

在之前的两个小章节中，我们较深入地学习了光色渲染的两个课题或规律：

- 不同固有色在某一色光下的总体颜色变化；
- 同一个固有色随明度变化而形成的颜色细分。

Tips： 那么，既然这两个规律都能在光色渲染中发挥作用，到了具体应用的情况下，我们应该如何侧重选择它们中的某一个，用来分析或推理光色结果呢？

请看如下 A、B、C 三张图片：

这三张图片分别能够代表我们日常所看到的大部分的光色渲染情况：

A．色光饱和度低，对物体固有色影响很小，固有色得到了很好的还原；

B．色光饱和度中等，对物体固有色有影响，但仍然能够分辨不同的固有色的差别；

C．色光饱和度高，对物体固有色强烈染色，不同的固有色已经无法轻易辨别和区分。

接下来，我们将对这三种光色情况进行分析，找到它们各自应该优先匹配的光色规律。

（1）"色光饱和度低"的情况

"色光饱和度低"即下图 A 中的情况：

图 A 中，几位僧侣处在低饱和度光照（基本是白光）下，僧袍的固有色得到了很好的还原，没有被色光明显改变色相。

观察这张图片的色彩变化的时候，我们的注意力会更多地集中在"僧袍随着明度变化而出现的色相细分"上面——更亮的区域更偏向于黄色，偏暗的区域更偏向于橙色甚至红色。

因此，在"色光饱和度低"的情况下，我们应该优先考虑的规律是："同一个固有色随明度变化而形成的颜色细分"。

（2）"色光饱和度中等"的情况

"色光饱和度中等"即下图 B 中的情况：

图 B 中的环境（机场大厅）和人物都处在一个偏蓝色的光照氛围中。通过观察可以发现，不同固有色的物体在蓝色色光影响下，颜色都发生了变化。但是，不同固有色的差异仍然可以被轻易辨别。

与图 A 不同，在观察图 B 的时候，我们会先感受到"裙子、地面或者皮肤各自变成了什么样的颜色"，而不是"裙子从暗到亮分别变成了什么样的颜色"。

因此，在"色光饱和度中等"的情况下，我们应该优先考虑的规律是："不同固有色在某一色光下的总体颜色变化"。

（3）"色光饱和度高"的情况

"色光饱和度高"即下图 C 中的情况：

图 C 中，高饱和度的火光对所有的物体都起到了明显的染色作用，物体的固有色几乎已经无法识别。通过观察被火光照射的物体表面，我们也可以看到明显的随明度变化而产生的色相细分：明度高的部分更偏黄，低的部分偏红。

这种染色现象中的色相变化，与单个固有色在低饱和度色光照射下的色相变化规律是一致的。因此，在"色光饱和度高"的情况下，我们应该优先考虑的规律是："同一个固有色随明度变化而形成的颜色细分。"（当然，由于高饱和色光的染色，不同的固有色已经无法区分，在应用中直接考虑总体跟随明度变化产生的颜色细分即可）

总之，在观察和分析图片或实物的光色变化的时候，一定要结合色光和物体固有色的具体情况，来决定优先匹配哪一条光色规律。这样你才能从中总结出实用性更强的推理经验。此外，这个逻辑不仅适用于观察和分析，也适用于描述和表现，在后续色彩表现的章节中，我们还将再次使用到这个判断逻辑。

二、光色推理的学习方法

通过前面章节的学习，我们知道了即便是光色推理这样看似更依赖感性的技能，也还是存在一些客观规律可循的。但是，大多数的初学者在接触光色推理的初期，总是会有"道理似乎是明白的，但画起来却总是差很多"的困扰。

想要获得明显的进步，一方面，大量的实践练习无可避免；另一方面，正确的学习方法也非常重要，方法和认知上的症结是你迟早都要处理的问题。我整理了一些常见的光色推理学习方面的疑问：

在光色推理中，怎么样才能准确地"计算出"被色光影响之后的颜色呢？

复杂的场景环境，进行光色推理是不是要一小块一小块地进展呢？那样效率也太低了吧？有没有更高效的办法？

我感觉自己已经能够比较顺利地进行光色推理了，但是画出来的色彩还是那么不好看，这是怎么回事呢？

下面是我对应以上问题给出的个人经验范围内的解答，供各位参考。

（一）趋势靠原理，幅度靠经验

在我自学色彩的初期，也曾经纠结于这样的问题 —— 如何计算出准确的颜色？

色光对物体固有色的渲染是可以计算的吗？

当然可以，不然就不会存在渲染软件这样的东西了。但是，计算能力强大的计算机所擅长做的事情，恰恰是人脑最不擅长的。或者说，人工通过公式计算光色反应之后的准确颜色的效率极低，以至于基本不存在操作的可行性。那么，正确的推理思路应该是什么样的呢？

请记住这句话：趋势靠原理，幅度靠经验。

我们先来看一个光色模型的色彩变化过程：

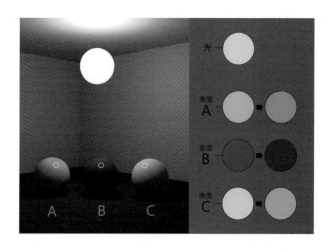

上图中，A、B、C 三个不同固有色的球体，在色光照射下都改变了颜色。从颜色三要素

的角度来分析，也就是球体表面在原固有色的基础上，色相、明度和饱和度分别发生了变化，归纳为趋势就是：

色相：顺时针还是逆时针移动？向着什么颜色的方向移动？

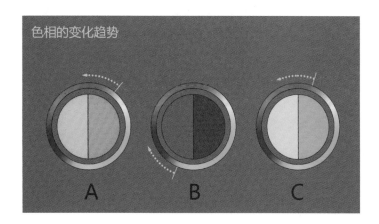

明度：变得更亮了还是更暗了？

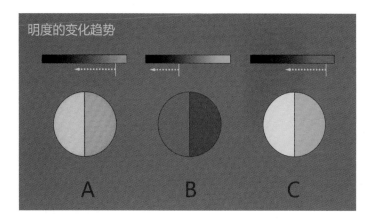

饱和度：变得更高了还是更低了？

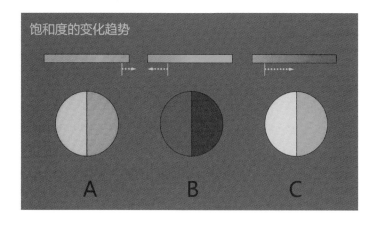

我们学习光影和光色理论知识的目的，就在于能够对这些趋势或变化方向做出高效率的判断。在绘画表现的过程中，存在大量的这类趋势判断，掌握一些光影和光色规律有助于提升绘画信心、提高表现效率。

但是，三元素的变化幅度，也就是三元素在拾色器上的滑块分别移动到具体的哪一个精确位置，则是理论知识无法明确告诉你的（实际上这就涉及精确计算了，人脑干不了）。

想要提升创作中光色推理的"准确度"，除了借助光色条件接近的参考资料之外，只能依靠长期的分析和练习来积累判断经验，逐渐使自己的光色推理更接近于真实。

（二）色光的影响范围与分析、表现顺序

显然，我们不可能以"一小块一小块"的方式去做物体表面的光色推理。

因为，我们无法在短时间内通过一大串公式，去计算无数固有色不尽相同的表面。更何况，光线在经过多次反弹之后，色相和饱和度都会发生变化，这将使计算的繁复程度趋向于几乎无法人工操作。

但现实世界往往就是如此复杂：

观察上图，图中的环境里存在着至少两个直接光照，分别是来自室外的偏冷色天光和来自室内的偏暖色灯光。还存在一些受到光线直射的物体表面所形成的漫反射光照。

像这样复杂的一个环境，我们应该按何种程序进行光色推理呢？

还记得我们在"光影推理的逻辑和步骤"章节中提到的两条推理逻辑吗？

· 先处理（或考虑）影响范围大的，再处理（或考虑）影响范围小的；

· 先处理（或考虑）对比强烈的，再处理（或考虑）对比微妙的。

这个推理逻辑不仅适用于光影推理，也适用于光色推理。我们以第一条逻辑为例，观察下面这个经过简化的光色模型：

首先，照例先分析光色模型。

物体：

浅灰色球体；

饱和度略高的绿色地面；

饱和度略高的红色饼状柱体。

直接光照：

低饱和度偏暖的阳光；

饱和度略高的天空光。

间接光照：

地面受阳光照射产生的饱和度较高的绿色漫反射光；

红色柱体受阳光照射产生的饱和度较高的红色漫反射光。

Tips：物体受天空光形成的漫反射较弱，此处忽略不计。

按两条推理逻辑，先考虑影响范围大或者对比强烈的。

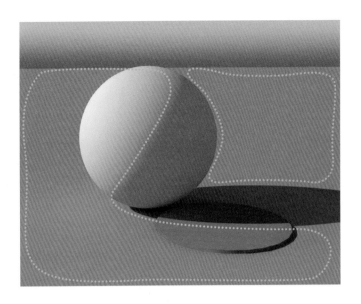

　　可以看到，光色模型中所有物体的亮部都受到了阳光的影响。这些区域在画面中的面积占比是最大的，因此，阳光是图中影响范围最大的色光。

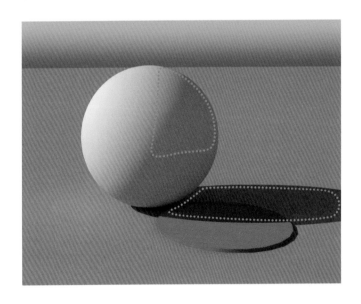

　　其次，是天空光。天空光虽然也全局性地影响到了几乎所有的物体，但因为阳光的强度要强烈许多，所以天空光的影响范围基本局限于物体表面朝上的暗部，以及阳光影响力偏弱的亮部区域（接近明暗交界线的灰部，由于表面和阳光的入射方向区域偏向平行，阳光的影响就没有那么强了，因此，天空光的影响才可能有所体现）。

再次，是来自地面的漫反射绿光，它的影响范围是物体表面朝下的部分，以及阳光影响力偏弱的亮部区域。

最后，影响范围最小的是红色柱体产生的漫反射红光，它只影响到了球体暗部接近红色柱体的部分表面。

经过上述分析，我们得到了一个经验：

无论是分析图片，还是默写或创作，都应该优先考虑表现影响范围最大的色光所带来的光色变化（上面这个例子中是阳光，也有一些情况是阳光形成的强烈漫反射，按具体情况而定）。通常这也可能是整个画面色调形成的原因之一，对画面全局气氛起到了奠基作用，把它先画对了，然后再按影响范围的大小依次考虑或表现其他的小范围的光色变化，这样就能使推理过程变得更加易于操作。

回到之前的这张图：

按影响范围的大小作为优先考虑的光色变化的依据，那么，自然就是先考虑室外的偏冷色天光，再考虑室内的偏暖色灯光了。

Tips：特别提出一个初学者非常容易出现的问题，那就是在分析和表现光色的时候，犯了"抓小放大"的毛病。

观察上图，墙面和球体的固有色为浅灰色，地面的固有色为饱和度较高的黄色，光源色为偏蓝的青色。

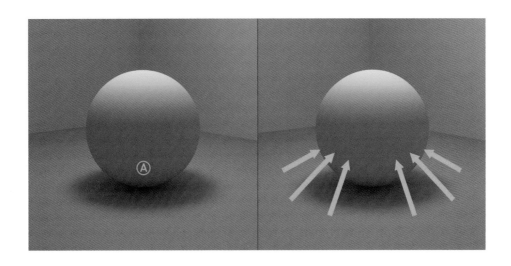

假如你忽视影响范围的因素，"抓小放大"地先考虑了图中 A 区域的光色变化，你就容易错误地直接使用高饱和度的黄色（因为地面固有色是高饱和的黄色）来表现球体暗部向下的表面。

正确的做法是：

按影响范围的大小，优先考虑对全局影响最大的蓝光。地面受到蓝光照射之后，色相和饱和度都发生了变化，形成的漫反射光也不再是高饱和度的黄色光了，那么受其影响的球体暗部也不会是高饱和度的黄色了。

按正确的逻辑分析和推理，就不容易陷入局部化的思考怪圈，这也正是把握画面整体性的一个要诀。

（三）真实的色彩并不一定都好看

一些有过不少实践经验，也把光色理论掌握得挺不错的同学，往往会有这样的疑问 —— 虽然能够比较顺利地进行光色推理了，但是画出来的色彩还是很不好看。

这是怎么回事呢？

关于这个问题，我在本书入门篇的"审美与构成"中，已经表明了观点 —— 可信度并不等同于美。色彩也是一样的，可信（我们暂且把它理解为写实度更高）的色彩可以是美的，但美的色彩却不一定需要那么真实：

上图为美国画家理查德·埃米尔·米勒（Richard Emil Miller）的作品。按照视觉经验，这幅画中的色彩并不像照相机拍出来的那样"真实"，但却依旧好看；

捷克斯洛伐克画家阿尔丰斯·穆夏（Alphonse Maria Mucha）的这幅作品，离绝对的"真实"就更远了，但画面中色彩的美感却并没有因此而缺少一分。

一幅画的色彩好看与否，取决于画面的色彩构成是否足够和谐，而非照片级的真实。

从另一个角度来看，这也就意味着我们的创作未必需要追求绝对真实的光色渲染。即便在相对偏向真实的写实绘画范畴中，也仍然存在个性化色彩风格的宽容度。因此，作为初学者，在学习光色推理的时候，保持严谨的态度是值得赞赏的，但也没有必要钻牛角尖追求绝对的准确，这样容易使你在表达色彩的过程中变得过分缩手缩脚。对于色彩表现来说，这种状态反而是不利的。

三、光色模型的解析与绘画表现

在本小节中，我要从渲染的角度拆解一个光色模型。通过以下内容的学习，你将对"真实物体的色彩是如何形成的"有更透彻的理解。

用作解析对象的光色模型，仍然使用光影解析中的伊姆斯休闲椅（Eames Lounge Chair）。接下来的光色解析中，涉及明度推理的部分就不再赘述，我们将把研究的重点放在光色的层级关系、次序以及色相和饱和度的变化上面（如果你在明度问题上仍然存在疑问，建议参考光影解析章节的相关内容）。

看下图：

日光氛围下的伊姆斯休闲椅很适合作为光色模型的解析对象。日光氛围中存在许多不同属性的光源，物体的固有色也不止一个。如果我们能把这样一个看似简单、实际上却很复杂的光色模型顺利地解析完成的话，处理其他光色条件更单纯的情况，就能更加游刃有余了。

要解析光色模型，首要的任务当然是厘清光源和物体的固有色状态：

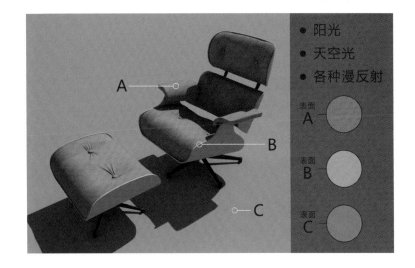

上图这个日光氛围中的光源大致可以分为：

直接光照：阳光，天空光。

通常照射方向与地面越垂直的阳光，饱和度越低，明度越高；照射方向与地面越平行的阳光，饱和度越高，明度越低。从图中椅子的投影范围可以看到，阳光角度略倾斜，基本可以判定为略微偏橙黄色的暖光。

图中的天空光设置为青蓝色光，饱和度略高于阳光。

间接光照：各种漫反射（来自环境或物体本身）。

我们选择光色模型中三个面积较大的固有色作为分析对象，分别是：

表面 A：椅子坐垫和脚垫的蒙皮部分，饱和度略高的橙黄色。

表面 B：椅子的硬壳部分，低饱和的橙黄色。

表面 C：地面，饱和度略高的黄绿色。

厘清光源和物体的固有色状态之后，我们就可以运用上一小节中学到的光色推理逻辑（即按影响范围大小的顺序）对这个光色模型进行解析了。

这个光色模型的光照影响范围的排序基本是：阳光 > 天空光 > 其他漫反射。我们可以通过分析这三个光照叠加作用前后对物体固有色的影响差异，来理解日光氛围下色彩的形成原因。

（一）阳光

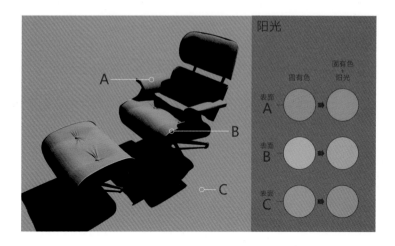

上图为排除了天空光和漫反射之后的阳光照射效果。

首先，运用已经学过的光影规律判断明度。

阳光氛围下，物体亮部的明度变化，主要取决于表面和阳光光线的入射角度关系，光线与表面越垂直，表面明度越高；光线与表面角度越小、越趋向平行，表面明度越低。

其次，运用光色规律判断色彩。

色光饱和度不高的情况下，优先考虑同一个固有色随明度变化而形成的颜色细分。

以图中 A 表面（椅子的蒙皮部分）为例，A 表面的固有色为橙色，橙色距离"青、品、黄"中的黄色更接近，因此，假如表面接受白光照射，明度越高的部分会向黄色偏移。

但是，综合考虑本例中阳光仍然存在一定饱和度且光色偏橙色（与表面色相为同类色）的因素，可以得出——在光照下，椅子表面总体的饱和度应该略高，并且相较白光而言是更加偏暖的。

取色验证：

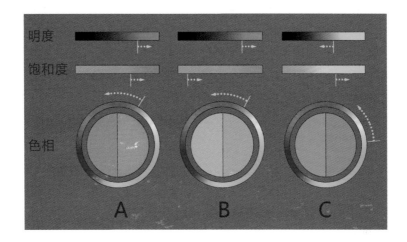

（二）阳光 + 天空光

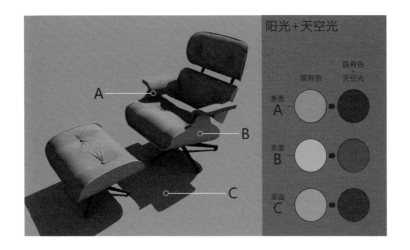

上图为阳光 + 天空光的渲染效果，不含漫反射。

日光氛围下，天空光主要影响的是物体的暗部区域。

A表面的固有色为饱和度较高的橙黄色，橙黄色与偏青蓝色的天空光互为对比色，因此，饱和度会适当降低，色相向天空光的色相略作偏移；

B表面的固有色饱和度偏低，因此，很容易受到天光染色，色相会明显地趋向于天空光的颜色；

C表面的固有色为黄绿色，黄绿色与天空光基本还处于邻近色状态，在青蓝色天空光影响下，色相会更加趋向于绿色或青绿色。

取色验证：

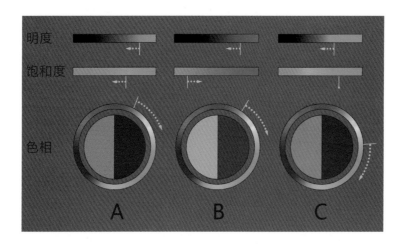

(三) 阳光 + 天空光 + 漫反射

下图为包含阳光、天空光和漫反射的完整的日光氛围下的光色模型。

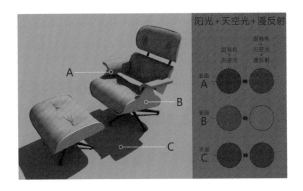

观察下图，对比添加漫反射前后的差异：

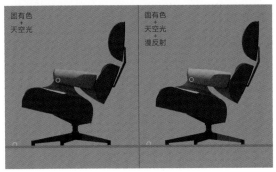

相对而言，无论是来自环境还是物体本身的漫反射，都会更容易影响到物体的暗部（由于亮部受阳光照射，明度较高，漫反射的影响相对不明显）。漫反射是否表现得到位，很大程度上决定了你所画的色彩是否有"色彩关系"。因此，漫反射对物体的影响应该作为光色渲染的学习重点，一定要引起重视。

添加漫反射之后：

A 表面（椅子扶手内侧处）受到来自座椅表面的漫反射影响，由于固有色和漫反射同为橙黄色，因此，饱和度显著提高。

B 表面受到来自地面的漫反射影响，绿色的漫反射光明显地对饱和度偏低的 B 表面进行了染色。并且，如果你进一步深入观察此处的话，还会发现一些次要层级的色相细分。

上图中 D、E 两处所呈现的色相有差异，其中 D 处更偏向青绿，E 处更偏向黄绿，原因是什么呢？

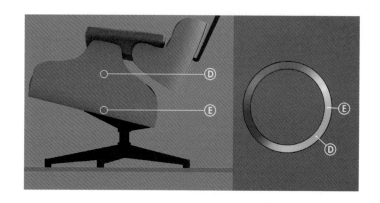

在这个视角就可以看得很清楚了，D 处比 E 处更偏蓝的原因是：

一方面，D 处距离漫反射源（地面）更远，且角度相对平行，受到绿光影响的程度不及 E 处；

另一方面，D 处更受半球状的蓝色天空光影响，E 处表面略朝向下方，受天光影响较少。

C 表面仍然主要受到天空光的影响，而且附近并没有饱和度特别高的漫反射源，因此，仍然趋向于绿色或青绿色，与未添加漫反射的案例差别不会太大。

取色验证：

经过上述分析，我们已经对这个光色模型中的色彩成因有了较为透彻的理解。

充分地理解对象是成功再现它的前提，你不仅可以使用相同的方法和步骤去分析自然界和摄影图像，也可以在光色默写或创作中直接使用分析获得的宝贵经验。

当你能够合理地、有逻辑地、层次分明地解释你所看到的光色变化的时候，那就代表你

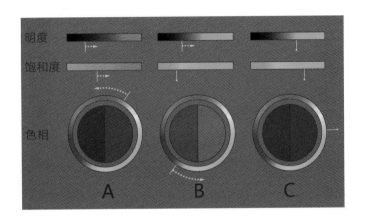

已经朝着自由的色彩表达迈出坚实的第一步了。

（四）光色细节的还原与绘画表现

在你学完光色理论知识，并且能够使用它对常规的光色模型做出解析之后，你应该就不难做到有根据地分析和理解下面这类图像了：

但是，你会发现，现实生活中的绝大多数物体和环境，都并不像上图这个手办那么单纯（色块分界和固有色都非常清晰明了），反而多数是像下面这张图片这样：

你很难准确地描述图中变色龙的皮肤究竟是一个什么样的颜色。因为在自然界中，大部分物体的表面固有色都是存在变化和过渡的。那么，我们在临摹或创作的时候，应该如何一边顾及光色原理，一边有序地表现它们呢？

通常来说有两种方法可以选择，一种是"做加法"，另一种是"做减法"。下面，让我们逐一了解这两种方法的操作思路和步骤。

1. 做加法——先概括，再丰富

所谓的"做加法"，我在本书"观察与对比"中曾经提到过：入门级的临摹，可以通过眯眼观察等方法，在绘画初期先概括出各个大色块的中间调子，然后再对中间调子不断细分，最终还原对象以丰富的细节和色彩。

光色默写和创作也是同理，我以变色龙为例，做一个模拟创作过程的临摹练习：

变色龙的身上存在着丰富的色相数量和色彩渐变。但在表现的初期，你可以从变色龙皮肤的中间调子开始画起，中间调子一般来说是面积占比最大的颜色（在写生和临摹中是眯起眼睛时观察到的颜色）。我们应该在表现的初期，也就是色相数量较少的时候就尽可能把对象的结构、光影调子和光色推敲做好。

如果这一步骤完成得比较到位的话，你的画面应该已经拥有了基本的体积关系和画面氛围了，这将为下一步色彩的丰富化打下基础。

在上一步骤的基础上开始丰富色彩，仍然按照色彩面积"先大后小"的顺序，先考虑和表现面积较大的固有色色块，再考虑和表现面积较小的，稳扎稳打地进行结构和色彩的丰富化。

随着作画步骤的深入，逐渐考虑和表现更微妙的结构和色彩变化，直至完成。

"做加法"的表现方式的特点：

由于绘画初期所要考虑的色相数量并不多，这种方法对光色推理经验的要求相对不高，因此，初学者比较容易上手。这是它的优点。

但是，在这个方法中，理性在一开始就是占先的（因为你不得不先把第一个中间调子的光色推理给做好），这样可能使作画者疏忽了对色彩构成方面问题的考量，容易出现"虽然能画得下去，但色彩却不好看"的问题。当然，后续章节中的色彩构成知识或许能够在这个问题上给你提供一些帮助。

2. 做减法——先放开，再收紧

相对"做加法"而言，对于塑造能力较强的同学来说，"做减法"的表现方法会让你感到更加自由和放松。

"做减法"的思路是：优先以构成（形状及色彩构成）上的考虑为主，先表达出大致符合设想的具有丰富色彩对比的色调，然后在深入过程中，逐渐消除那些不准确的形状和过分夸张的色彩表达，通过先松后紧的方式表现对象。

假如你选择使用"做减法"的画面表现方式，初期不必太过讲究型或结构的准确性，只需基本型不发生太大的偏差就好。色彩方面，也同样可以根据我们对实物的认知，先丰富起来，哪怕过头一些也不要紧，优先把色彩和谐的感觉调整出来。

在创作中，这个阶段是比较偏向感性的，因为我们需要调动感受来判断总体的色彩构成是不是足够好看，真实性反而是后置考虑的。

由于一开始色彩就已经足够丰富且和谐了，在接下来的步骤中，我们只需对这些色彩进行取舍和整理，同时，加强结构和光色表现上的可信度即可。逐渐把对象的型画得更加结实，把色彩表现得更加稳重和可信。

随着表现的深入，型和色彩的塑造越来越贴近实物，最终完成练习。

"做减法"的表现方式的特点：

先松后紧的方式，能够给作画者提供一种更灵活的绘画体验。在初期，作者可以动用更多偏向感性的调整手段来使色彩构成趋向和谐，而不必过分被结构和造型所限制。因此，这种方式画起来会更显得轻松自在。另外，由于造型和色彩在一开始并没有被约束死，后续深化过程中可以辗转腾挪的空间也会比较大。

这种方法的限制在于，它要求作画者具有比较好的塑造能力和画面控制力，不然容易出现"放开了，但收不回来"的问题，最终可能导致画面基本结构、体积感和光感的缺失。而且，由于结构问题在这种表现方法中不是优先考虑的，在深入过程中，如何提高完成度也将会是一个难点。

总之，两种方法各有长处，在具体应用中，我们也可以根据所画对象的特征选择或混合使用它们，例如：

上图中的物体，颜色简洁单纯、分界清晰，而且物体的结构硬朗、造型明确。一般来说，这种特征的对象用"做加法"的表现方法更容易在一开始就控制住结构，画起来也会显得比较干净利落。

上图这类偏向自然环境的表现对象，通常在结构上有着较高的容错度（换句话说，造型即便不那么严谨也不太看得出来），但是色彩的丰富程度却很高，颜色的过渡也很细腻，所以用"做减法"的表现方法就更好。即便我不说，你应该也能够感受得到，这张照片打动你的其实正是色彩构成本身。

像上图这样的情况，我们就可以考虑混合使用两种表现方法。对于颜色单一、强调结构的儿童和地上的桶，我们可以使用"做加法"的方法来表现；对于颜色丰富，结构松散的植物、水面和地面，则可以使用"做减法"的方法来表现。

（五）带有演习性质的光色临摹练习

在光色推理的学习过程中，我们也可以像光影推理章节中介绍的练习方法一样，尝试做一些"带有演习性质的光色临摹练习"。

和初学阶段拷贝式的临摹相比，这种临摹要求我们尽可能在练习的时候带入自己的推理思考，必要的时候可以吸取原图颜色按光色推理的思路做一做复盘分析。当然，你要知道吸色分析的目的是检验和优化判断能力，而不只是复制一个准确的颜色。

另外，对于常见的气氛和光照条件，也可以在临摹的时候记忆一些基础的颜色变化范围，这对创作中提高上色效率有一定帮助。

以下图为例：

这张图片中包含了许多固有色不同的物体，有些物体的表面具有单纯简洁的固有色，而另一些物体的表面看起来却很复杂。接下来，我们就来看看应该如何对这样的一张照片做带有演习性质的光色临摹吧。

开始绘图：

1. 铺中间调子

观察左图，可以看出这是一个阴天环境下的场景。一般来说，阴天的室外光源是饱和度较低的白光（也可以略微偏冷或偏暖）。总之，场景中的物体固有色在低饱和度光照下得到了很好的还原。

我们首先要明确的是：这个案例中不存在光源色光的强烈染色，也不存在饱和度特别高的环境漫反射。因此，我们主要表现的将是每一个固有色随明度变化而形成的颜色细分。

在这个步骤里，你可以先铺上物体的中间调子。例如：

花裤子，你可以画上眯眼观察到的、经过视觉混合的那个颜色；

蓝色衣服，直接画占比最大的蓝色即可，忽略白点；

背景建筑，优先画面积较大的色块，铺满，不要留白。

Tips：一定要忽略那些琐碎的细节，它们不应该在这个阶段得到过多的关注。

2. 处理整体暗部和大的色块分割

阴天的室外天光是一个半球光，你很难从物体上看到特别清晰的明暗交界线。但是，由于天光总体还是从上往下照射的趋势，所以物体朝向略向下的表面会显得暗一些。

因此，在这个步骤中，我们可以用比较概括的笔触表现那些稍暗一些的表面，在选择暗部颜色的时候，你应该带入光色的思考，以蓝色衣服为例：

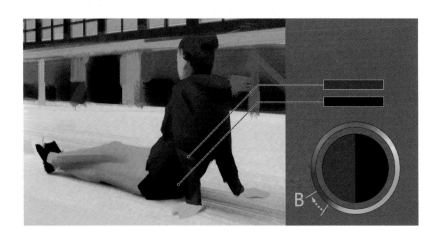

衣服固有色为略偏青色的蓝，在低饱和色光（可看作白光）照射下，如色相轮所示，暗部色相向蓝色偏移，且一般不会超过蓝色。

裤子头发等也可以按照上述思路把暗部或闭塞区域概括地表现出来，背景建筑部分，可以考虑做一下色块分割，让画面各个部分的完成度保持一致，不要孤立地深化局部细节。

3. 处理亮部和更多小的色块分割

这一步可以开始处理物体略朝向光源（即天空）的亮部表面，笔触依然尽可能概括一些、大一些为好。仍以蓝色衣服为例：

　　衣服固有色为略偏青色的蓝，在低饱和色光（可看作白光）照射下，如色相轮所示，亮部色相向青色偏移，且一般不会超过青色。

　　同时，背景部分的建筑表面可以做进一步的色块细分。

　　另外，请看下图：

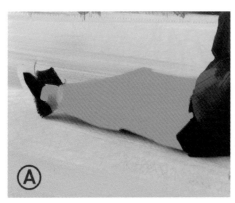

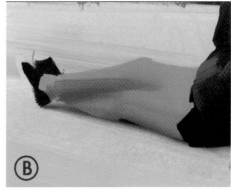

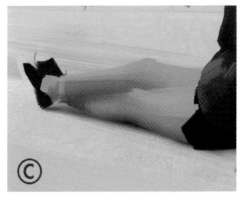

观察 A、B、C 三个步骤中腿部色彩塑造的推进，这是一个比较典型的铺大体色的方法。

A． 铺中间调子；

B． 用大一些的笔触处理暗部和闭塞区域的调子；

C． 用大一些的笔触处理偏亮部分的调子；

通常亮部和暗部的色彩如果能因光照差别做出一些冷暖上的区分和对比的话，画面色彩感觉会显得更好。

4. 处理闭塞、小转折和过渡，继续色彩分割

经过上一步骤，物体的大致塑造已经完成，色调和氛围应该也已经比较接近临摹对象了。这一步骤就可以开始处理一些闭塞区域、小转折和过渡了，处理好这些烦琐的细节，可以逐渐使你塑造的对象变得更"结实"起来。

事实上，小转折也仍然还是转折，也仍然存在表面与光的向背关系，也仍然运用的是同一套光色理论，塑造思路与此前并无不同。唯一的区别在于随着绘画工作量的变大，你需要有更多的耐心。

值得注意的是裤子部分，原图中裤子表面有许多琐碎的图案，一点一点去刻画这些小色块不是明智的选择，效率和绘画性会变得很低。我一般会用喷枪类的笔刷，在这个阶段轻松

地画上一些与图案颜色相近的"印象色块"，让它们看起来神似就好。

继续把建筑更加琐碎的色块给细分下去。

5.处理表面图案和细节，整理完成

最后，可以适度表现一下物体表面的图案和细节，假如你在前几个步骤中做得比较妥当的话，这个步骤中的刻画就不会太难。

不断调整画面关系，直到完成这个"带有演习性质的光色临摹练习"。

一般来说，如果你的目的在于通过练习提高光色判断能力，你没有必要非得把临摹做到"照片级"的细致。因为通常刻画后期主要依靠的是耐心做好表面结构的细分，绘画前期才是更多动用到你判断色彩的意识的阶段，所以，这类练习我个人倾向于建议你加大练习量（增加光色判断的训练次数），而不必追求过分极致的完成度。

四、光色默写

光色默写与光影默写的操作原理相同，也是通过理解一个光色模型的基础条件，包括不同固有色的物体表面和不同的色光，然后运用光色渲染知识结合已有的绘画经验，对场景做出尽可能贴近现实的色彩推理和表现。

在本小节的案例中，我仍然使用光影默写中曾经出现过的小工作间作为默写对象。这样，光色默写中明度因素的变化我就可以不再赘述了，对明度变化仍然存在疑问的同学，可以查阅"光影默写"章节中的相关内容。

Tips：我个人非常不建议在做光色默写时，使用图层特效在已绘制好的黑白图上进行任何叠色的做法。假如是在一些特殊情况（例如，工作状态）下希望提高绘图效率，这么做无可厚非。但在光色默写练习中，叠色的做法孤立了明度概念，实际上就割裂了你对光色变化的直接认知，虽说同时考虑色相、明度和饱和度，操作起来看似更加困难，但长期来看是利大于弊的，你收获的将是一个完整而直接的光色概念。

（一）光色默写1——日光氛围下的小工作间

开始作业之前，仍然别忘了先充分了解默写对象的形状结构、比例尺度和固有色信息。

在分析光色默写对象的时候，有两个信息你需要第一时间在大脑中理一遍：

面积占比最大的表面的固有色情况；

对环境影响最大的光源的光色情况。

这两个因素通常能够决定一幅光色默写的基本色调，而色调的建立恰恰是色彩关系和谐的前提。

开始绘图：

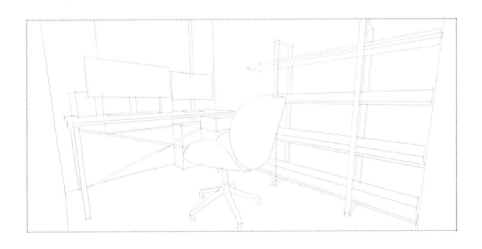

1. 打型起稿

打型起稿的方法，请参考"光影默写"部分内容，此处略过。

假如你对结构和透视掌握得比较好，也可以考虑跳过线稿打型的部分，直接以色块开始。但我个人还是建议初学者尽可能优先把结构和透视问题解决清楚了，再进入后面的绘画程序中，避免后期颠覆性的返工操作。

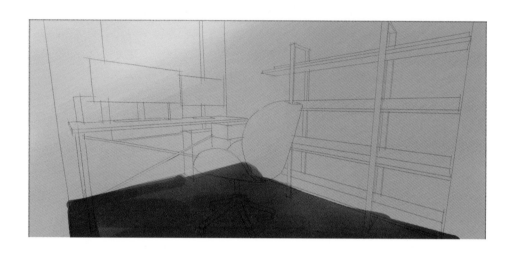

2. 处理天空光和整体漫反射 -1

我们依旧从画面面积占比最大的墙壁和地面画起，这样是最稳妥的。

在这一步骤中，你需要综合考虑天空光和室内漫反射的综合作用（阳光照射面积较小，可以后置考虑）。

晴朗的氛围中，天空光通常偏冷，而图中的室内暖色物体较多，漫反射应该较暖，两者互抵，因此，我用不太极端的冷暖先把墙壁和地面颜色铺出来。

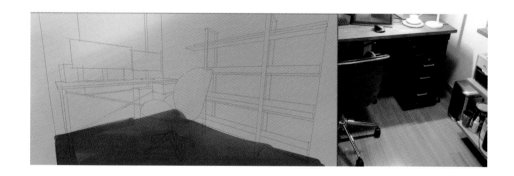

有的人会有这样的疑问：

参考照片中地面的固有色看起来是比较亮的橙色，你为什么铺了这么深的一个咖啡色呢？

这是一个好问题。

还记得我在光色推理章节刚开始的时候画出的重点吗？

"只要你进行的是写实范畴内的光色默写或者创作练习，你画在画布上的任何颜色，都应该是固有色与色光混合的结果，而不是固有色本身。"

日光氛围下，室内大部分的地面处于暗部或阴影中，这些地面所受到的光色是天光和环境漫反射混合在一起的影响。前面说到，本例中天光和环境漫反射光存在一定的色相互抵，那么，在饱和度不太高的色光影响下，固有色为橙色的表面，当它处于暗部的时候，色相将往红色方向偏移，加之明度变暗，我就倾向于选择图中的那个颜色了。

3. 处理天空光和整体漫反射 -2

把其他面积较大的物件也逐一画出来。

类似书架与地面交界处的闭塞区域，我们用光色理论也很容易推理出它的颜色，两者的固有色都偏橙红或橙黄色，属于同类色，在低饱和度光照下，它们形成的闭塞区域相对来说会更暖更偏红一些。

琐碎的小物件可以放着稍后再处理。

4.处理天空光和整体漫反射 -3

按来自窗户的天光以及漫反射的方向,把现有的大物件形成的漫反射阴影给画出来。由于这两种光源都属于面积较大的光源,它们所形成的漫反射阴影通常都是柔和的,不会有特别锐利的投影边界,你可以考虑使用喷枪一类边缘柔和的画笔来表现它们。

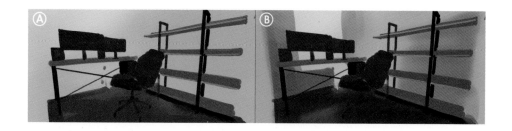

对比观察上图中的两个步骤,你会发现我在这一步骤中主要画了两个内容:

(1)我把窗户所在的那面墙画暗了。这么做的原因当然是因为天光无法照到这一面墙,那么,这面墙所受到的就基本都是环境漫反射光。屋子里的漫反射光偏暖,因此,我选择略暖的颜色来画这面墙的阴影。

(2)书架所在的那面墙的右侧也被添加了一些柔和的阴影,这是因为我要表达出天光在这面墙上的衰减。受天光影响较少的右侧墙壁更多地受到了环境漫反射的影响,因此,这些暗部也会相对偏暖。

5. 处理天空光和整体漫反射 -4

现在你可以尽可能大胆地添加那些更小的物件了。

你会发现，在空间中大色块的光色关系被处理得比较协调之后，这些小物件的颜色会变得更容易被推敲出来。原因在于，前面的那个步骤中，我们已经把色调基本给定好了，新增的颜色有了一个可以作为参照系的底色，自然也就容易画得更加协调。

例如，书架所在的这面墙。

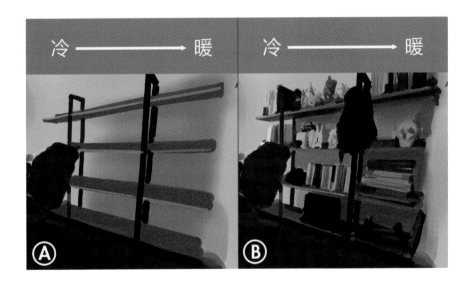

图 A，墙面按天光的影响力强弱，呈现出靠近窗户一侧更冷，远离窗户一侧更暖的现象。

图 B，在添加了琐碎物件之后，这个规则依然需要维持。从图中可以看到，这些物件也是以"靠近窗户更冷，对比更强；远离窗户更暖，对比更弱"的规则被画上去的。

6. 处理阳光

可以参考之前光影推理中阳光照射所产生的亮部区域，把空间中的亮部给画出来。

阳光是平行光，因此，光斑边缘可以画得锐利一些。颜色方面，如果光斑的明度特别高的话，饱和度可以适当降低一些。

Tips： 在这个阶段，尽可能让阳光直射区域的明度高于房屋中的其他部分，以保持画面的光感。

7. 处理亮部产生的漫反射

如上图，房屋中阳光直射区域的面积并不大。因此，亮部所产生的漫反射并不会对房屋产生特别大范围的影响。但是，由于这些漫反射光带上了亮部表面的色相，成为带有饱和度的色光，会与其他低饱和的部分形成对比，从而创造出吸引人的画面亮点，我们有必要把它们给画好。

要估算好漫反射光的影响范围是需要一定经验的，通常面积越大、固有色越亮、受光照越强烈的区域产生的漫反射光的影响范围也就越大、越强。

对比 A、B 两图，观察这些亮部形成的漫反射暖光在空间中形成的影响。

8. 添加细节，调整大关系 -1

上一步骤结束之后，画面色彩关系和总体气氛应该都已经确定完成了，在确认画面完整性没有特别大的问题之后，就可以继续整理和添加画面细节了，顺便也可以提升画面的完成度。

9. 添加细节，调整大关系 -2

为了拉开椅子和书架、桌子的空间关系，我在窗户和地面的光斑中间加了一些朦胧的光柱。

物理学上，这种光柱状的光效叫"丁达尔效应"，是空气中的粒子被光线照射后散射而形成的。光柱后方物体的对比度将大大降低，而前方物体则不受影响，这也是一种常见的、创造强弱对比的画面处理手法。

10. 添加细节，调整大关系，完成

补充细节，使用曲线工具将地面部分调亮了一些，检查各个部分的色彩关系是否协调，最终完成这个默写练习。

（二）光色默写 2——灯光氛围下的小工作间

开始绘图：

1. 确定调性，处理整体漫反射

与上一案例（晴天氛围）相比，夜晚灯光氛围在色彩上的区别就是整体气氛会更暖。由于缺乏了冷色天光因素，暖色的台灯灯光将影响大部分的物体表面（物体表面也大多是暖色），创造出更暖、饱和度更高的气氛。

思路方面，先画暗部，用偏红的暗色铺出基本色调，然后再逐渐把亮部提出来。

2. 区分大体固有色

把相比墙面而言固有色更暗的表面先给区分出来，除了明度更暗之外，色相方面，也可以因为漫反射的影响而画得更偏红一些。

由于此时尚未画出光源，也没有区分亮暗部，所以画面对比将非常弱，这是正常的。请耐住性子，不要把对比画得太强，我们要把强对比放在更为精彩的光影表现上。

3. 确定光源

在这张图中，台灯是唯一光源，为了不使整个画面显得过于沉闷，我们可以考虑把台灯的光照强度设定得高一些。

注意桌面的颜色变化：

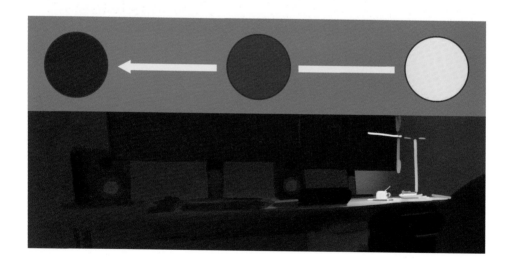

桌面从右至左，受台灯灯光的影响逐渐减弱，明度也随之从右到左逐渐变暗。同时，色相也发生了变化，按光色规律，桌面固有色为橙黄色，因此，更亮的部分将偏向黄色，更暗的部分将偏向红色。

4. 处理灯光照射形成的墙面和地面的颜色变化

墙面的固有色为饱和度较低的黄色，受暖黄色台灯灯光照射，墙面呈现了明显的染色（暖黄色）现象。

地面的固有色为有一定饱和度的橙黄色，受暖黄色台灯灯光照射，整体饱和度提升，且越远离光源的部分越偏向红色。

5. 添加面积较小的物件

把书架上琐碎的物件都画出来，由于这些物件基本上都没有受到光线直射，所以画得

"平"一些是没有问题的。

　　Tips：这个空间中的漫反射是饱和度略高的橙黄或橙红色，因此，你在画固有色偏蓝或偏绿的物体表面的时候，就不能把饱和度画得太高，因为它们和光色是对比色。在光色推理中我们已经知道了这个规律——色光色相与物体固有色色相呈大致对比的状态的时候，通常物体固有色色相在感官上会变得较为灰暗（即饱和度和明度可能降低）。

　　添加这些小物件的同时，你也可以顺手就把它们所产生的闭塞给画出来。

6. 增加细节，处理暗部明度对比关系

　　这个案例中，仅受到间接照明的区域较多，假如这些部分（暗部）的明度太低，画面效果上就会显得比较焦和闷，因此，我通过曲线工具把全图的明度给拉升了一些，确保暗部区域的可识别性。

　　提亮暗部之后，继续给画面增加更多的细节。

7. 添加细节，调整大关系，完成

整理投影边缘，检查各个部分的色彩关系是否协调，完成这个默写练习。

（三）光色默写经验总结

本质上，希望在光色默写上获得长足进步的诀窍，与我在"光影默写"章节中提及的个人经验是一致的，即：

养成用光影推理思维观察事物的习惯；

光影观察、分析和表现的逻辑要保持一致；

找到验证光影推理的方法，分析、反思并改进你的默写练习。

Tips： 具体内容请参考本书"光影推理与黑白分阶"章节中的"光影默写经验总结"。

在这里，我另外提出两个初学者在光色默写过程中非常容易出现的问题，留意这些问题，将提升你的默写水平。

1. 饱和度与取色本能

色彩与素描的最大区别，除了色相之外，那就是多了一个"饱和度"的概念。

所谓饱和度，是指颜色鲜艳的程度，换句话也可以说是颜色易于辨别的程度。饱和度越高的颜色，其色相越容易辨别，反之则越不容易辨别。

而人类的视觉本能偏向于识别和记忆那些更容易辨别的颜色。

上图是一个天然石材拼贴出来的墙面，石材的颜色具有丰富的色相和不一的饱和度差异。

当你无意识地去看这张图片，令你印象深刻的总会是那些更容易辨别的颜色，也就是饱和度偏高的颜色。

在绘画中也是一样，大多数未经专业色彩训练的人，在识别或选取颜色的时候，都容易错判饱和度的值，而且通常都是高估了饱和度的值。

如果把拾色器中的色相立方体像上图那样划分成1、2、3、4四个分区的话，其中第2分区是其中颜色最容易被识别的区域，往往也是没有经验的初学者倾向于大量取色的区域。

看下面的两张图：

观察 A、B 两图，这两张图片中场景的光照条件是比较相似的，但两张图的总体色调给人的感觉完全不同。一般来说你会感觉：A 图饱和度高，B 图饱和度低（原因主要是物体表面的固有色差异）。你可能会觉得 A 图中的大量颜色都处在第 2 分区中。

然而真相却并非如此，如果你尝试对这两个图片进行随机大量取色的话，就会发现：

A 图大部分像素所在的位置是色相立方体的第 1、第 3、第 4 分区，B 图大部分像素所在的位置是第 1、第 3 分区。

当然，我并不是说任何照片都不存在第 2 分区中的颜色。我的意思是，大自然中的颜色在经过光色作用之后，大量的颜色也存在于那些并不易于识别的分区中（例如，第 1、第 3、第 4 分区）。如果你在默写或创作中总是习惯于只选择那些特别容易识别色相的颜色，也许在某种程度上就有些偏离真实自然界的色彩了。

2. 冷暖的相对性

在传统美术中，你经常会听到一些老师点评某些色彩作品"冷暖很不错"或"缺乏冷暖对比"。

于是，你开始知道"冷暖"应该是一个好东西。

为什么在色彩中表现出冷暖对比就会被人认为更自然，甚至更易于博取观众的视觉好感呢？

我个人的解释是，人类认知冷暖的概念，最早应该来自太阳（暖）和天空（冷），看下面的图：

A 图是地球上的风光照片，B 图是软件模拟的火星环境。

由于地球具有更厚的大气层，因此，天空在瑞利散射作用下显得更蓝，具备了"冷"的条件，而人类长期生存于地球，形成了适应这种审美模式的本能。

因此，你再去看 B 图中火星环境这张图片，由于火星的大气层稀薄，不存在和阳光形成冷暖对比的冷色天空光，虽不能说这样就一定不好看，但仍然免不了让人觉得有些奇怪和缺乏色彩感觉。

我做以上铺垫的目的，在于指出一些初学者对于冷暖的错误认知——很多人在知道冷暖对比能创造更好的色彩感受之后，不假思索地选用"绝对的冷暖色"来表现画面。

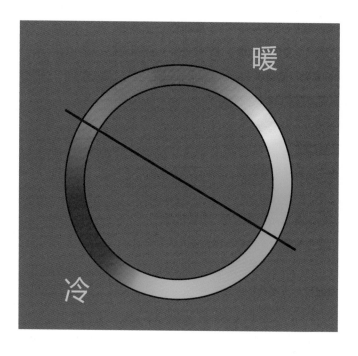

所谓"绝对的冷暖色"，就是有些人会倾向于把色相环做上面这样的分割，把其中一部分

归为暖色，另一部分归为冷色。

严格来说，这么做也不能算是完全错误，毕竟上图中暖色一侧的颜色总体上还是比冷色一侧的看上去要暖一些。但我想说的是，这种区分冷暖色的理论在实际绘画中将是毫无作用的。

看下图：

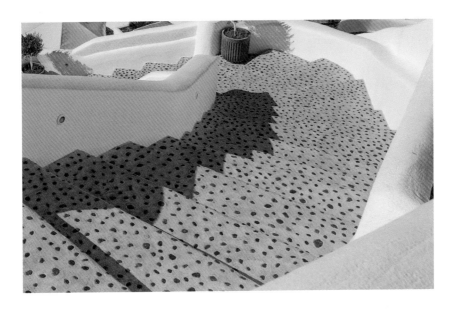

你应该能够感受到图中阶梯阴影处和亮部的冷暖差异——这是一张有冷暖对比的图片。

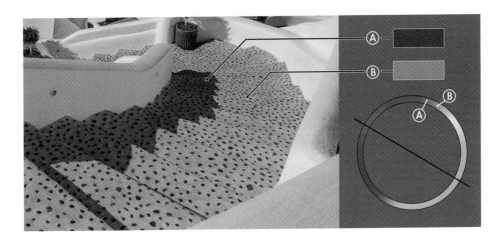

分别取阴影处和亮部的颜色 A 和 B，我们发现这两个颜色同处于绝对冷暖色中的暖色一侧，但我们又确实可以从这张图中感受到冷暖，这是为什么呢？

分析一下这两个颜色：

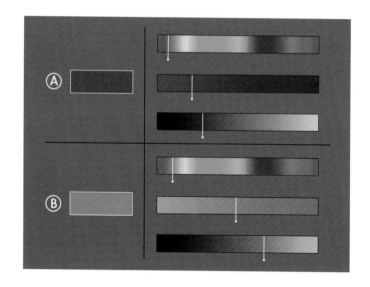

对比颜色 A 和 B，明度因素与冷暖无关，所以我们先排除明度的因素；色相方面，受蓝色天光影响，阶梯固有色（橙黄色）向红色偏移（趋近于蓝的方向），因此，色相因素也不是 B 看起来比 A 暖的原因。

那么，我们可以发埌，在这个案例中，产生阶梯冷暖的原因在于饱和度，虽然色相同属于暖色，但降低饱和度之后的颜色与原先的颜色相比，显得更冷了。

同样，如果是冷色：

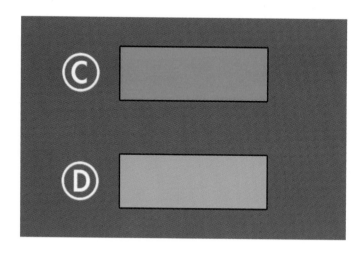

降低饱和度的冷色（D）与原先的颜色（C）相比，也会显得更暖。

因此，当我们在默写和创作中希望通过光色渲染创造冷暖对比的时候，除了色相，也不要忘记还有"饱和度"这个更有用的调节工具。

第 2 章
色彩构成

从本书"审美与构成"章节中,我们初步了解了构成审美的概念和一些视觉规律。色彩构成属于构成的一部分,经过光色推理相关内容的学习和实践,你应该对色彩的运用有了更深的认知,这将有助于你在本章节的学习中获得更大的进步。

Tips:不建议跳过"入门篇"的"审美与构成"章节直接学习本章,一些已做过阐释的基本的构成对比概念在本章中将不再赘述。

一、色彩构成的意义

我们知道,构成决定了基本的审美问题。

那么,色彩构成可以被看作解决色彩搭配是否协调、是否好看的关键。当你在日常生活中感叹一个画面、一组景物、一个人衣着或一个自然形成的图案的配色特别好看的时候,无论你是否接受过专业的色彩训练,本质上,这都意味着你对这些画面、景物、衣着和图案的色彩构成水平的认可。

法国画家
克劳德·莫奈
(Claude Monet)
的作品。

作为专业人士，仅跟随本能去赞叹色彩的美好是不够的，你应该提高自己对色彩构成的控制力和表现力，以创造让人赞叹的作品。

另外，色彩构成也是一种有效的色彩调节工具和思路，当你的作品出现某些色彩问题的时候，通过色彩构成对现有的配色进行主观调整，其效果往往好于仅针对色彩真实性所做的客观调整。

这就是我们学习色彩构成的意义。

二、色彩构成的基础知识

（一）色彩的审美

什么样的色彩是好看的？

这是一个非常难以给出明确答案的问题，但是，思考它却并不是没有意义的。不同的人对色彩的喜好厌恶虽然存在差异，但不可否认的是，人类的色彩审美也存在相当程度的共性，把握这些共性就能够有效地避免常见的色彩构成误区，也就能够提升你的作品的色彩品质。

关于色彩的审美，有下面两个常见问题需要明确。

1. "这个颜色特别丑" ——这样的说法对吗？

虽然每个人都有主观喜欢或厌恶的颜色，但是，在色彩构成中，并不存在"丑"的颜色，只存在丑的色彩搭配。

看下图：

这是意大利画家乔治·莫兰迪（Giorgio Morandi）的绘画作品。莫兰迪大多数静物画的配色被普遍认为是雅致和高级的。

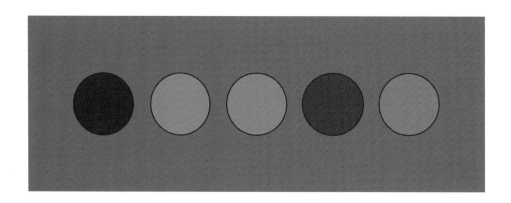

但是，当你吸取静物画中的颜色孤立观察的时候，你会发现单独的颜色确实谈不上什么雅致和高级，你甚至还能看到传说中让人厌恶的"屎黄色"。那么，到底是什么导致一些谈不上好看的颜色并置在一起的时候产生了令人愉悦的色彩感受呢？

答案当然是色彩构成，当一些色相、明度、饱和度方面呈邻近或对比的颜色以某种比例放置在一起的时候，它们的组合唤起了你的色彩感受，也唤起了你对色彩的审美判断。

综上所述，一个单独的颜色是谈不上美丑的，当两个或两个以上的颜色组合搭配的时候，我们才能对这组配色做出审美判断。从这一点延伸开，当我们的创作出现了某些色彩问题的时候，你也应该意识到，色彩出问题的原因并不是由于你使用了某个难看的颜色，而是没有做好全局色彩的组合和搭配。

2. 什么样的色彩构成是好的呢？

色彩构成的意识和技巧被广泛地运用在各种视觉识别和图像设计领域，但我们需要注意的是，在一些领域能够满足某种功能需要的色彩构成规则，也许并不一定适用在绘画上，例如：

上图中，这个平均地涂装了黄色与黑色油漆的大门也可以看作色彩构成的一种应用。在这个应用场景中，色彩构成满足的是"使人注意到此处，并传达出不可随意接近的信号"的功能，从这点上看，这个色彩构成是符合需求的。

但是，很难想象如果一张画使用这样的色彩构成法则（面积平均的颜色分布，单调且极强的对比）会是什么样的效果。我保证，多数情况下不会太理想。

因此，如果你希望获得的相关知识在实际应用中产生更高的利用效率，就要缩小色彩构成的研究范畴。

我个人认为，适用于大部分（非绝对化）绘画创作的色彩构成需要满足以下两个条件：

（1）满足耐看性的需求

适合于绘画创作的色彩构成需要比较耐看。也就是说，我们应该通过色彩的组合和搭配，创造出足以让观众的注意力较长时间停留于画面的视觉愉悦感。

（2）满足画面的情感表达

归根结底，色彩构成也是表达画面的内容和信息的一种工具，内容和信息通常都是带有情感倾向的，好的色彩构成要对这种情感倾向起到呼应或倍增的作用。例如，表达激烈战斗的画面内容，一般来说也就适合运用更热烈、对比更强和更有动感的色彩组合，过于平和稳定的色彩构成形式就不太适合。

Tips： 由于色彩构成章节不涉及画面的具体内容和信息，因此，我们主要探讨的是第一个方面也就是"耐看性"的问题。

综上，你可以这么认为：

本书"色彩构成"章节内容中包含的概念和操作技巧，在于帮助你在色彩的耐看性上获得提升，我相信这比拿出一个"绝对好看的色彩法则"有现实意义多了。

3. 个人的色彩审美难道不能与大众的普遍审美不一致吗？

普遍审美在我看来是确实存在的，至少在限定区域范围内是存在的。

虽说不同的人对某个具体的事物不可能存在完全一致的审美判断。但是，正如大多数人认为甜味比苦味更容易接受一样，在相近的生存环境下逐渐进化出来的人类视觉，也会对内含某种构成规律的图像更多地抱有好感，这种普遍的好感可以被看作一种审美的生理基础。此外，文化和教育对普遍审美也起到了一定的影响作用。

那么，特立独行的个人色彩审美是否就不被允许呢？

我的看法是，这样的行为当然可以被"允许"，但也要做好不被"接受"的准备。

假如你创作的本意仅仅在于表达个人感受，特立独行当然没有任何问题。但当我们的作品存在可能的受众甚至需要具备说服力的时候，你就不得不认真地考虑你的色彩构成是否能够让人愉悦地接受了。因为，本质上，此时你正在做的是一件偏向于设计的工作，而设计的目的在于解决问题而非单纯地表达自我。

这也正是研究色彩构成，并借之改善画面色彩品质的价值所在。

(二) 色彩构成的节奏感

1. 色彩构成抽象对比的基本形式

谈节奏感之前，应该先了解构成的基本形式。既然色彩构成本就属于构成的一部分，那么，我们在"审美与构成"章节中所提到的抽象对比的基本形式自然也同样适用于色彩构成。

回顾一下已经学过的构成知识吧。

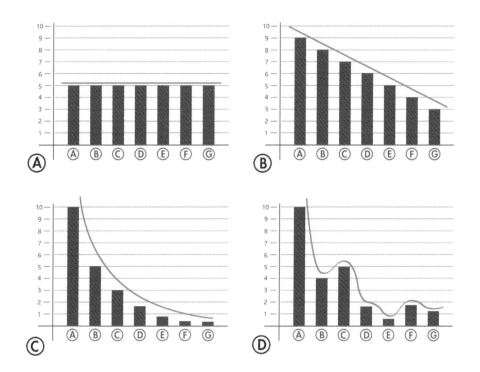

构成中存在四种抽象对比的基本形式，对应上图序号，分别为：

A． 平均分布状态；

B． 线性分布状态；

C． 曲线分布状态；

D． 带噪声的非线性分布状态。

在色彩构成中也是同理。

你可以把上面示意图中标示的小序号（A、B、C、……、G）看作组成一个色彩构成的各个单独的颜色（或色系），把柱体高度看作这个颜色在全图中的面积占比，见下图。

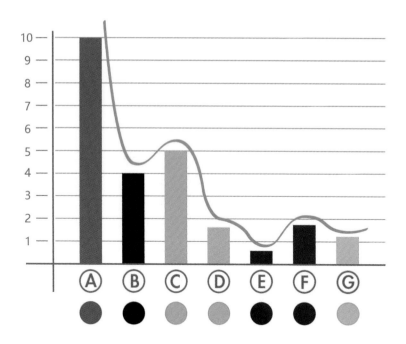

也可以把这些小序号看作色彩构成中不同数值的色相、明度或饱和度，把柱体高度看作具有这个数值的色相、明度或饱和度的颜色在全图中的面积占比，如下图。

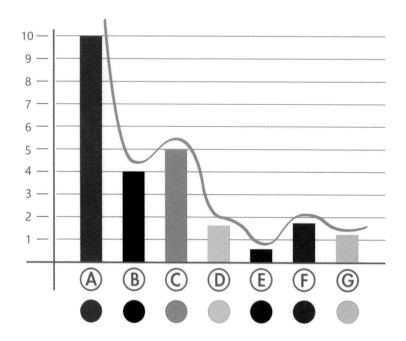

在具体的色彩构成抽象观察中，我们只要理解基本比例关系即可，无须纠结于面积占比的精确性，如下图。

简化图片的细节，归纳近似的色彩，你可以把下图看作抽象观察的结果。

抽象观察图片，你就能够大体感知图中主要的几个颜色（或色系）在画面中的占比，这个占比就可以被归为四个抽象对比形式中的某一个。

尝试以同样的抽象方式观察下列图片。

上图是偏向于"平均分布状态"的色彩构成,各种颜色的分布占比都是较为平均的。这种形态下的色彩构成,比较适合当作背景或衬托物,因为你无法从平均的分布状态中留意其中的某一个颜色。

上图是偏向于"线性分布状态"的色彩构成,与上一例子相比,线性分布的色彩构成已经有了一些主次的的区别,但由于各个色彩的面积占比并未拉得很开,给人的感觉还是偏向于

统一或相融，这种形态下的色彩构成也常常被用来当作背景或衬托物。

上面的这两张图片就偏向于"曲线分布状态"或"带噪声的非线性分布状态"了。你从图中可以明显地感受到拉开的色彩关系，包括最强势的色彩以及最富点缀作用的色彩。主次是鲜明的，同时，主与次之间也不乏丰富的过渡。多数情况下，这样的色彩构成形式会是比较理想的配色方向。

上面这些色彩构成的抽象对比的形式，也可以被认为是引导观众进行注意力分配的方式。

在偏向"平均分布状态"和"线性分布状态"这类弱对比的色彩构成里，观众的注意力将被平均分布而无法形成聚焦。

在偏向"曲线分布状态"和"带噪声的非线性分布状态"这类强对比的色彩构成里,观众的注意力则能够得到聚焦和停留。

2. 色彩构成的节奏感和韵律

好的构成是需要节奏感的,好的色彩构成也不例外。

节奏感来源于对比。对于色彩构成来说,这种对比既可以被理解为颜色三要素(即色相、明度与饱和度)的对比,也可以被理解为各个色块面积大小的对比。

在一个有节奏的色彩构成中,

颜色总是:

有明度较深的,也有明度较浅的;

有饱和度较高的,也有饱和度较低的;

有色相相对偏暖的,也有色相相对偏冷的;

有颜色对比强烈的,也有颜色对比微弱的。

颜色的面积和分布总是:

有大面积的,也有小面积的;

有密集的,也有疏散的。

总之,无论是颜色本身,还是颜色的面积和分布,只有以不同程度的对比混合出现在画面中的时候,画面的色彩构成才可能产生节奏感。

比较下面的两张图片,请先排除自己对画面内容的偏好,尝试仅把注意力放在色彩的抽象感受上:

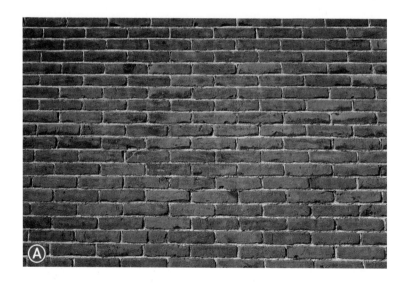

图 A 和图 B 同样都是砖墙，你认为哪一面墙在色彩节奏感上要更好一些呢？

无疑是图 B，假如把这两张图片比作音乐，你应该也会感受到后者的抑扬顿挫。

结合上一小节中的四种抽象对比的基本形式，再观察图 A 和图 B，你就会发现：

图 A 偏向于"平均分布状态"和"线性分布状态"；

图 B 偏向于"曲线分布状态"和"带噪声的非线性分布状态"。

那么，如果你希望画面的整体色彩构成变得更加耐看，你应该使画面偏向于图 B 的形态，即：让画面中充满更多的对比（包括颜色和面积上的）。

Tips：初学者需要注意这一点 —— 让画面中存在更多对比，并不意味着对比越强越好，这是一个典型的误区。例如下图。

上一张图显而易见地存在许多对比。譬如色相的对比，饱和度或明度高低的对比等，但这张图片却没什么节奏感。原因是所有这些对比都以同等的强度、接近的分布规律呈现了，在这种情况下，画面反而回到了"平均分布状态"。

而在上面这张图中，各个因素的对比以不同的强度分布在画面中，色彩构成的节奏感就出现了。

继续分析这张图片的话，你会发现，正是下图中这些缺乏对比的部分（黄线标记的区域）

的衬托，才使画面中精彩的部分显得更精彩。

打个比方，这就类似于在超级英雄电影中，英雄只能是少数，只有大部分人的平庸才能衬托出英雄的伟大；如果每个人都是英雄，电影的戏剧感和趣味性就不存在了。

总之，如果你希望创造一个有重点、有节奏感的色彩构成，一定不要企图强调所有元素的对比。反而应该在这个色彩构成中配置一些偏弱的、次要的、偏向平均或渐变的对比形式，它们将衬托那些对比强烈的形式，让色彩构成的整体品质变得更高。

回到之前的这张图片：

上方大片对比弱的、饱和度低的、偏向平均或渐变的形式，有效地衬托了下方对比强的、饱和度高的形式。最后，你应该也可以理解为什么在这个画面中，猴子面部的红色会那么吸引人了吧——因为这片红色在饱和度和面积上，都与周遭的其他颜色形成了较为鲜明的对比。

记住，对比创造了关注度，对比产生了节奏感，对比形成了审美。

（三）色彩的视知觉

正如人们对审美具有共性一样，人们对色彩或色彩组合的视觉感受也具有一定的共性。类似于，我们看到蓝色会感觉清爽，看到橙色会更有食欲等。这些共性可以被认为是大多数人面对色彩或色彩组合的时候所感受到的视觉效能，也可以被称为色彩的视知觉。

以往，色彩视知觉的研究多数被运用在视觉设计领域。在绘画领域被提及的时候，多数也仅限于鉴赏已有的作品。我猜原因在于但凡难以量化的知识，人们都更加避讳去讨论它们在复杂创作上的意义，比如，一些人可能会表示自己更喜欢蓝色而不是橙色的食物——这样的争论似乎会消解这些知识存在的意义。尽管如此，我仍然认为这不应该成为忽视学习色彩视知觉的理由。

在这个章节中，我将介绍一些常被运用在绘画实践上的，与色彩视知觉有关的知识，它们会对画面色彩的和谐起到促进作用。但是，请你务必把这些知识看作一种经验（可以这么做）而非限制（除此之外都不行），毕竟绘画的乐趣本就在于打破固有的模式。

1. 图底关系与面积

在本书"入门篇"中，我们学习过"正负形"的概念。其中，正形通常指被衬托的形状，也被称为"图"，负形通常起到衬托正形的作用，被称为"底"。

观察上图，当深色部分面积更大的时候，我们更容易看到杯子，此时深色部分是底，浅色部分是图（图A）；当深色部分面积缩小的时候，朝向相对的人脸剪影变得更容易被注意到了，此时浅色部分是底，深色部分是图（图B）。

图与底的区分很大程度上取决于色块的面积比例。

在上一小节中我们说过，具备节奏感的色彩构成的一大特征，就是颜色的面积分布不能均匀，而色块面积一旦拉开，就出现了色彩的图底关系。

并且，色彩的图底关系也存在着层级的概念：

上图中，红色的瓢虫相对于黄绿色背景来说是图，这是画面主要的色彩图底关系；瓢虫红色的底色相对于黑色斑点来说是底，这是画面次要的色彩图底关系。如你所见，它们也是由面积比例关系决定的。

那么，关于色彩的图底关系有哪些视知觉方面的经验呢？

2. 图底关系与饱和度

饱和度较高的颜色更适合作"图",饱和度较低的部分更适合作"底"。低饱和度的颜色给人以后退和远离的感觉,高饱和度的颜色则给人以靠近的感觉。

女孩饱和度较高的紫红色裙子和低饱和颜色的石壁形成了色彩上的图底关系。

反之,如果图(猴子)的饱和度低,底(树叶)的饱和度高,则不易形成有效的衬托关系。

3. 图底关系与明度

亮的颜色比暗的颜色更适合作"图"。

亮色作"图"时，给人更多靠近的感觉；

暗色作"图"时，图处于前方的感受就不会那么强。

4. 图底关系与冷暖

暖色更适合作"图"，冷色更适合作"底"。暖色带给人前进的感觉，冷色则带给人后退的感觉。

图中的山体由于光照差异而形成了色彩上的冷暖，虽然实际距离相当，但我们会感觉暖色部分似乎更加靠近我们。

5. 图底关系与色相对比

图与底互为对比色时，色彩上图底关系的对比将更为强烈。

图与底互为对比色：

图与底互为邻近色时，图底衬托效果不如呈对比色时强烈。

简而言之，在色彩的图底关系方面：

面积更小、饱和度更高、更亮、更暖的颜色具有向前的视觉特征，更适合用来表现为图底关系中的"图"；

面积更大、饱和度更低、更暗、更冷的颜色具有后退的视觉特征，更适合用来表现为图底关系中的"底"。

对比色能增强色彩在图底关系上的效果。

Tips：这些特征在绘画实践中应该仅作为一种参考或者强化表现力的工具，而不应刻板地看作不可逾越的法则。形成图底关系的因素是多方面的，包括面积、颜色以及形状的完整性等诸多因素，我们在应用的时候，视画面实际需要有选择地更改一部分对比关系，只要不破坏整体或形成视觉误导，这样的尝试就完全是可行的。

(四) 色彩关系的构建

学习色彩构成的目的之一，就是在创作中制造更好的色彩关系 —— 也就是俗话说的"画出更好的色彩感觉"。色彩关系看上去虽然比素描关系来得更加自由、更加不依赖于理性推算，但也还是存在一些实用性较强的操作技巧的。在你理解色彩构成的节奏感和视知觉之后，便可以开始学习如何在绘画中应用这些知识了。

关于一幅画色彩关系的构建，主要有三项知识需要学习，分别是：

· 色调的创造；

· 配色的选择和色彩面积；

· 点缀色与色彩层次的丰富。

下面我们逐一来了解它们。

1. 色调的创造

所谓的色调，通常指的是一幅画的总体色彩倾向，或者说是一幅画最大的色彩效果。

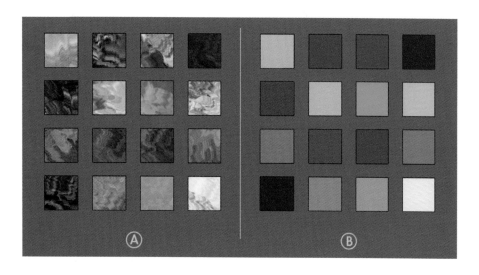

观察上面的 A、B 两图，可以看到：

A 图每个格子里的颜色都非常丰富，充满了色相、明度和饱和度的变化。你可以把这 16 个格子看作 16 幅画作。

B 图中的每个格子都是一个单独的颜色，一一对应 A 图的 16 个格子，你会发现 B 图格子中的那个颜色，能够在某种程度上概括 A 图那些丰富颜色的组合。

能够概括画面中丰富颜色的组合的那个颜色，就是画面的色调。

通过此前的学习，我们已经知道，如果希望画面的色彩构成有节奏感，其中的一个条件就是不同颜色的面积和分布不能均等，应该尽可能让画面的色彩构成形态倾向于 "曲线分布状态" 和 "带噪声的非线性分布状态"。换句话说，应该让其中某个颜色或色系（色系在此可以简化理解为邻近色）占据绝对强势的分布面积，这样才能形成足以概括丰富颜色的色调。

那么在写实绘画中，一幅画的色调是如何形成的呢？

色调的形成一般通过下列三种途径：

（1）色调可以由固有色决定

占据绝对优势分布面积的固有色可以形成色调。

图中低饱和的青绿色（蜥蜴的固有色）占据了更大的画面面积，因此，即便你还能在画面中找到其他不同的颜色，色调最终还是确定在了低饱和的青绿色上。

这幅欧洲画家安德斯·佐恩（Anders Zorn）的油画也是把固有色面积占比最大的绿色定为了画面色调。

（2）色调可以由色光（包括直射光或漫反射）决定

色光对画面内的物体产生明显的染色作用时，色光的颜色可以形成色调。

由饱和度较高的蓝色天光和空气透视形成的蓝色主色调。

上图中偏暖的色调是由阳光照射在物体上形成的漫反射决定的。

　　这幅美国画家约翰·辛格·萨金特（John Singer Sargent）的油画中，天空光给所有不发光的物体都染上了蓝紫色，就连草地的色相也向蓝紫色偏移了，蓝紫色就是这幅画的色调。

　　（3）色调也可以由作者主观决定

　　上图中，墨绿色色调显然并非来自物体的固有色或者光源。这是一张经过后期调色的照

片，换句话说，这是一个由作者主观决定的色调。在许多电影中，你都能看到因剧情气氛的需要而主观设置的色调，在这些情况下，色调的形成会很接近于色光染色的效果。

我建议大家在创作上色的前期，就尽快把色调给确定下来。这是因为，色调作为对画面影响最大的颜色，如果先被确定的话，其他影响更小的颜色的选择难度就会降低很多。毕竟你在选择那些影响较小的颜色的时候，只需与原先已经定下来的大色调保持协调即可。

2. 配色的选择和色彩面积

理论上，色调（占统治地位的颜色或色系）是完全可以自主决定的，但在实际操作中，色调可能由于写实表现，或者色彩的视知觉因素而在选择上受到一些限制——例如，大多数情况下，一幅画的色调总是不会像你想象中那么鲜艳。

例如，上图，美国画家约翰·辛格·萨金特的这幅油画初看上去显得明亮又鲜艳，但如果你尝试分析它的色调的话：

你就会发现这幅画中占强势地位的色调色是上图右边那个颜色，它处在色相立方体中部偏右下方的位置，既没有我们想得那么明亮，也没有我们想得那么鲜艳。

定好主色调的颜色或色系之后，接着就要给画面搭配其他影响稍弱的颜色了，下面是一些比较实用的配色建议。

（1）一般来说，一个画面的主要构成颜色不要超过三个（黑、白、灰这类无彩色除外）。

请注意，这里的"三个"并不是单指三个色相，而是指三个邻近色系，如图所示。

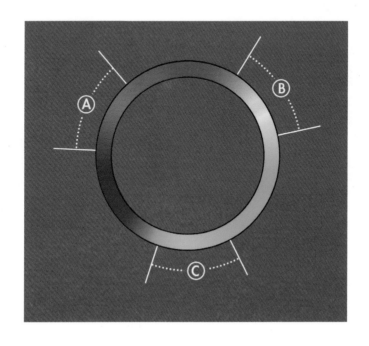

邻近色系是具有一定区间的（如上图中的 A、B、C 区间），我们在给画面考虑配色的时候，不要让三个或三个以上的色系区间在色环上等距分布，更不能让这些色系区间在画面中的面积相当，那样画面色彩会非常不容易协调起来。

　　（2）正面例子1：一个大区间搭配一个呈对比关系的小区间，并且适当拉开二者饱和度和面积的差异。

　　上面这幅油画中面积占比较大的色调色系为 A 区间中的暖色系，搭配了与之呈对比色关系的小区间（B 区间）内的冷色系。并且，使对比色系蓝色的饱和度下降、面积缩小，使之与色调色系相协调。

　　再看这幅油画：

　　这幅画使用了从青绿色到蓝紫色的冷色大区间（A 区间）作为色调色系，搭配了暖色的小

区间（B区间）颜色，同时使冷色饱和度偏低，暖色饱和度偏高，形成饱和度上的对比，面积方面的对比也同样一目了然。

这种配色模式能够取得统一中又不乏变化的效果，在创作中比较常用。

（3）正面例子2：邻近色系搭配无彩色。

所谓无彩色，指的就是黑、白和不同明度的灰。由于无彩色不存在色相和饱和度的概念，因此它们理论上可以搭配一切的颜色，而不容易产生色彩上的不协调。但是，需要注意的一点是，当你试图使用无彩色搭配某个颜色或色系的时候，务必拉开它们的明度，否则容易导致信息识别上的不适感。

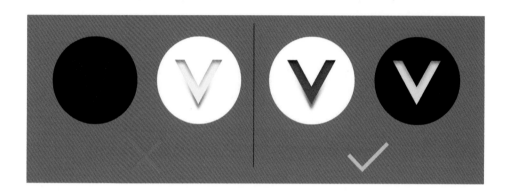

左图配色明度过于接近，在信息传达上是有问题的，右图则是正确的搭配。

红色至黄色的暖色系区间（区间A）搭配了无彩色中的黑色。

总之，在配色选择上：

如果仅使用邻近色而缺乏对比色，画面会显得单调；

如果对比的色相太多，画面又不容易协调；

当我们试图协调不同的色彩（包括无彩色）组合的时候，可以在饱和度、明度和面积上拉开它们之间的差距，则画面会变得易于统一起来。

3. 点缀色与色彩层次的丰富

完成主要的配色关系之后，我们还可以对画面进行点缀和色彩层次上的丰富，以获得更加耐看的画面色彩效果。

（1）点缀色

在一些比较教条的色彩构成法则中，我们能看到类似于下面这样的色彩搭配建议：

7：2：1——主色7+辅色2+点缀色1

或者

6：3：1——主色6+辅色3+点缀色1

这些比例关系指的是主色、辅色和点缀色在画面面积上的占比，它们似乎也暗合了抽象对比形式中的"曲线分布状态"和"带噪声的非线性分布状态"：

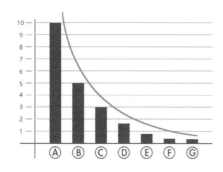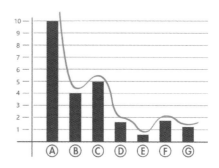

我个人觉得，虽然没有必要把这些法则看作完全不可破的定律，但这也不妨碍我们思考它们存在的意义。以"点缀色"来说，顾名思义，这类色彩在画面中的面积占比是很小的。

很多时候，点缀色起到的是一种"使画面变得更灵活更生动"的作用。由于面积小，它很难对画面的色彩关系产生颠覆性的影响，因此建议先做好主要的配色关系，再处理点缀色为好。

上图中，角色衣服上那些只有放大图片才能得到辨识的细小的色彩就是点缀色。

通常来说，在色彩构成中，大面积明亮的高饱和度颜色难以与其他颜色形成协调的色彩关系。但当高饱和度颜色面积变得很小之后，便不再存在这样的问题了。点缀色经常被设置为饱和度和明度都比较高的颜色，用来与其他较稳定的大色块形成颜色上的对比，这也正是点缀色活跃画面的功能所在。

萨金特的这幅油画作品左页下图中，分布在绿色系衣服表面上的那些高饱和高明度的橙黄色亮点也是点缀色。想象一下吧，要是去除这些点缀色的话，画面色彩的跳动性和趣味感是不是立马就大打折扣了？

　　（2）色彩层次的丰富

　　色彩构成与构成一样存在着层级关系。当我们处理好总体配色（即主、辅、点缀色），开始着手进一步丰富画面色彩的时候，我们所要做的其实就是在丰富画面中次要层级的色彩构成。

　　观察上图，一般在初期铺色或做色彩构成分析的时候，我们会把它理解为下面这样：

　　这么做是明智的，对颜色的概括，有利于抽象化地看待和处理色彩构成。然而这并不是

创作的终点，写实绘画创作的终点是还原自然 —— 只有具体的、带着细节的东西才能唤起观众的情感共鸣。在你给画面内容添加更多细节的时候，色彩构成的层次也需要得到深化。

放大图片的局部就能看到那些次要层级上的色彩构成了。

你能看到次要层级中的色彩并不单调，同样有着层次和各种因素的对比，对于一幅画的"耐看性"而言，这些次要的色彩对比是非常重要的 —— 它们使观众在欣赏画面具体细节的时候，还能够感受到色彩构成带来的审美体验。

自然界中的事物多数都带有次要层级上的色彩变化，例如：

上图中的岩壁、植物与海岸，都存在着次要的色彩构成。

树干的表面也不是一个单色。

许多具有年代感的人文景物也常常带有次要层级的色彩变化，例如：

古朴的石板地面带有次要的色彩构成。

被风化侵蚀的雕塑也会出现表面的固有色变化，这些固有色的变化也可能形成次要的色彩对比。

在写实绘画中，这些次要的、微妙的色彩变化往往是建立在实物的物理变化基础之上的。你要明白，这些颜色可能来源于固有色的不均匀分布，也可能来源于表面的磨损或其他物质的附着。你需要了解这些细节在形成上的诸多可能性，才能顺水推舟地把它们变成你作品中的次要色彩构成关系。因此，观察现实的世界是重要的，在创作之前做好相关的资料准备也是重要的，最终是这些真实可靠的信息让你的画面变得更有层次、更加耐看。

三、色彩构成的调节技巧

除了指导我们直接创造更好的画面色彩效果之外，色彩构成知识的另一大作用就是 ——调节有问题的色彩关系，使色彩搭配的质量得到提升。

一些画面的色彩令人感到不太舒服的原因，通常是几个基本的色块配置在一起显得不协调，要么应该弱对比的地方对比太强（"底"的部分），要么应该强对比的地方对比太弱（"图"的部分），总之，这些色块的对比不符合画面需求，造成了色彩构成的不和谐。

要改善这种情况，就应该调整这些色块的色彩属性或面积对比关系，相关的调整技巧正是本章节的主要内容。总体来说，你有四大类的操作可以选择，它们分别是：

　　调整部分色块的属性来协调色彩；

　　在不协调的色块间使用间隔色或过渡色；

　　使用额外的统调色来协调色彩；

　　改变色块的面积比例关系。

（一）调整部分色块的属性来协调色彩

　　上图中橙色的墙面上有一扇蓝色的门，此时这两个色块是非常不相融的，画面的色彩构成给人一种刺眼的感觉。假如我希望改变这个现状，应该怎样做呢？我们将借用这个案例来学习如何通过调整部分色块的属性来使色彩构成趋于调和。

1. 在色块中加入黑色或白色（即降低或提高明度）

在门的蓝色中添加黑色，即降低明度。

在门的蓝色中添加白色，即提高明度。

可以看到，给门降低或提高明度之后，门与墙面并置时看起来就不像原先那样刺眼了。

2. 在色块中加入灰色（即降低饱和度）

　　降低门的蓝色的饱和度之后，色彩也会变得易于共处（原先蓝色的门与橙色的墙面的色彩饱和度过于接近了）。

3. 使颜色的色相在色相环上的位置变得更加接近

　　调整门的色相，使色相从蓝色（橙色的强对比色）转变为略偏青绿色。

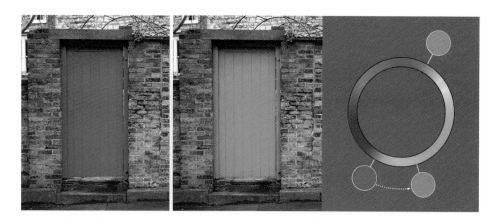

橙色与青绿色在色相环上的位置靠得更近了，这也可以让色彩变得更加调和。

同理，调整蓝色向紫色方向偏移也是可行的。

(二) 在不协调的色块间使用间隔色或过渡色

1. 在色块间使用间隔色

　　把黑、白、灰这类没有饱和度的无彩色放在不协调的两个颜色之间作为间隔色，可以缓解色彩的不协调感。

2. 在色块间使用过渡色

在两个不协调的颜色之间，加上它们的色相环所处位置之间的颜色（例如，上图中蓝色与橙色在色环之间的绿色）作为过渡，使这些色块产生联系，这也是一种调和色彩的办法。你可以把这个操作理解为通过添加过渡色，主动创造了一个"线性分布状态"，而"线性分布状态"正是易于相融的色彩构成形态。

（三）使用额外的统调色来协调色彩

所谓的"用统调色来协调色彩"，意思就是通过让一个区域内所有的色块，共同产生某种色彩倾向来创造色彩共性，从而让这个区域内的色彩变得调和。

1. 自然的统调色

自然界中最常见的统调色就是空气透视了。

观察上图，图中景物的色彩从近到远逐渐统一倾向于蓝色。这是由于目标物与观察者之间存在着空气。空气的厚度随着距离的增加而变大，因而空气中的杂质、颗粒或水汽叠加产生的散射也变得更明显 —— 从视觉上看，就体现为物体越远就被添加了越多的统调色（蓝色）了。

因此，假如画面色彩构成不协调的原因来自远景色彩的杂乱无章，那么在远景色彩中添加空气透视这样的统调色可以说是非常有用的。

2. 主观的统调色

在"色调的创造"小节中，我提到过，色调可以由作者主观决定。这个思路也可以被运用在色彩的调和上面。

上图是我的一幅习作，我主观地给画面中的这个场景配置了一个偏绿的色调。

　　上图绿色框选区域中的色彩，可以看作被一个主观设定的统调色（绿色）协调在一起的。统调色在这里起到了削弱色彩割裂感、衬托前景主要角色的功能。

（四）改变色块的面积比例关系

　　当一组色彩构成中图底色块的面积对等或比较平均的时候，色块更容易出现不协调的情况。

　　上图中近景热气球的固有色黄色与蓝色（天空及固有色蓝色）是对比色关系，这个色彩搭配显得格外刺眼。原因是与蓝色相比，黄色部分的面积过大了。

经过调整，我们调换了近景和远景两个热气球的部分固有色，使黄色出现在远景热气球上，从而缩小了黄色在整个画面中的面积占比。此时，即便黄色的饱和度依然很高，但由于它的面积与蓝色部分相比非常小，刺眼的感觉也会得到明显缓解。

以上介绍的四大类色彩构成的调节技巧，主要是用来让色彩搭配变得更调和（更不刺眼，更易于共处）的方法。假如你因画面特殊需要，希望创造相反的效果，例如，近年来流行的撞色搭配，则只需对这些技巧做反向运用，即可获得更加割裂和醒目的色彩对比了。

总而言之，我们要学会根据画面的具体需求来选择使用恰当的调节技巧。

四、色彩构成经验总结

色彩构成相对于结构、透视、光影塑造这些单项技能而言，经常会让许多偏向于通过理性认知来学习的同学感到头痛。

这是很正常的。

在我看来，所有的构成技能，包括此前的黑白分阶图、色彩构成，以及后面将要学习到的构图技巧，本质上，它们都是关于创造视觉节奏感的一种能力。视觉节奏感和音乐上的听觉节奏感一样，尽管我们可以得到或参考一些有效的经验，比如分配各个元素（色块或音符）的比例关系，处理视觉或听觉上的轻重缓急，但是却必然不存在也不应该存在那种100%不可逾越的法则。在创作实践中，画面某一处的局部变化，就可能使整个构成关系由合理变得不合理，或者由不合理趋向于合理，这样的情况简直太过常见了。

因此，构成难于以标准答案的方式去判断其对错，在缺乏经验丰富的人把关提点的情况下就更是如此了。

如此说来，我们是否可以借助一些外界的帮助来创造好的色彩构成呢？

答案是：这样的辅助手段确实是存在的。

人类普遍的审美偏好来自对赖以生存的自然环境的适应，也来自人文因素。那么，当我们试图创造好的色彩构成的时候，反向从自然界和优秀的作品中汲取养分，可谓是一条理所当然的捷径。事实上，这正是我们希望提高色彩构成能力所必须要做的 —— 从自然界和已有的优秀作品中寻求色彩构成的参考。

无论参考来源于自然界还是优秀作品，你都应该注意以下三个要点：

·忽略内容，只看抽象构成；

·忽略绝对值，只看相对关系；

·理解参考材料中色彩构成的层级关系。

在利用参考资料的过程中，如果把握好以上三点，我敢保证你对参考资料的利用效率会上一个台阶。

（一）忽略内容，只看抽象构成

人类的视觉天生总是更关注内容而非构成，当我们看到自然风景或者某个画面的时候，总是先入为主地更留意风景和画面中的具体信息。

例如，当我们看到下面这张图片：

你本能的反应一般会是：

这是一个有远山和沙丘的画面，沙丘上分布了一些植物，阳光洒在沙丘上，形成了斑驳的阴影。

这就是这张图片的信息，但这个信息对于色彩构成的参考来说，是毫无意义的，你应该训练自己把它看成下面这样：

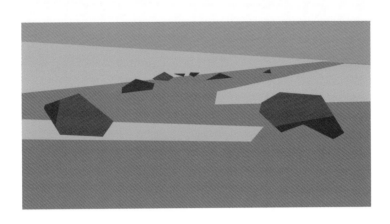

　　当你消解或排除画面具体内容的信息的时候，你才能将注意力投放到画面的色彩构成中去。此时，你会对这个构成中各个色块的色相、明度、饱和度的搭配，以及色块分布的面积和比例变得更加敏感。这才是对色彩构成有用的参考。

　　换一个角度来看，假如你要创作的内容是一个嘈杂的集市，而你又希望通过参考一些资料来改进你的色彩构成的话，你就不应该把查阅范围限制在"集市"当中，因为集市这是一个信息的概念，而你要找的是色彩构成的参考。

　　那么，我们也可以这么理解：只要所查阅的资料的色彩构成符合你的创作预期，你是可以不用管它的内容究竟是什么的。

　　请把上面这张图想象成你的创作预期，也就是"假如我想要画的色彩构成是这样的"。

那么，右边这张图作为色彩构成的参考显然是不合适的，虽然它的画面内容也是集市。

相反，这张参考图的具体内容虽然与我们的创作预期并不吻合，但在色彩构成上却似乎与左图有着共通之处。如果你对右边参考图的色彩构成是满意的，就可以对它进行色相、明度、饱和度和分布面积的分析，并将分析结果运用在你的创作上，提升你在创作中色彩构成的质量。

（二）忽略绝对值，只看相对关系

在利用色彩构成方面的参考资料的时候，我们应该尽可能消除绝对化的思维。过去你的大脑中可能存在着这些固有的概念：

某些色相是暖的，某些色相是冷的；

某些明度是亮的，某些明度是暗的；

某些饱和度是鲜的，某些饱和度是灰的；

某些面积是大的，某些面积是小的。

这样绝对化的思维对于处理色彩构成来说是没有好处的，我们需要知道的是，所有的形容词都是相对的概念。当你决定分析色彩构成中的某个元素的时候，考虑问题的正确姿势应该是：

"在特定情况下，与某些元素相比，这些元素更加如何如何。"

　　上面两幅油画都是美国画家约翰·辛格·萨金特的作品。我们可以看到两幅油画中都出现了面积比例和颜色十分接近的橙红色色块。但这两个色块分别在各自的色彩构成中带给观众的视觉刺激是不同的，这显然是因为它们的衬托条件不同。由此，我们可以得知，孤立看待一个元素绝对值的意义是不大的，你得结合整个色彩构成，了解这个元素和其他元素的相互关系，然后才可能学以致用。

　　在创作的时候，假如你希望借鉴参考资料中的色彩构成，请记住，一定不要生搬硬套，直接孤立地吸取原图颜色，很大概率上得到的结果并不会是你想要的。不要吸取色彩，要继承色彩关系，你应该留意你所心仪的那块颜色和周围颜色的关系。例如：它比周围颜色的饱和度高还是低？低的话，低多少？周围颜色和它的面积对比关系又是如何的？等等。通过这种相对概念推出的色彩关系，你可以大胆地引入自己的创作中来，与直接吸色相比会有效得多。

（三）理解参考材料中色彩构成的层级关系

　　未经专业训练过的眼睛，相比整体关系，总是会更迷恋于局部的精致和微妙。在结构、光影和光色的表现中如此，在色彩构成中也是如此。

　　次要层级中色彩的精致和微妙固然十分吸引人，它也确实是保障画面耐看性的一个有力因素。但是，当你打算对实景或参考图片的色彩构成作分析的时候，如果一开始就被次要层级所迷惑，忽略了整体的色彩对比关系，类似于把眼睛鼻子画得特别漂亮，但五官在脸上的位置却没有放对 —— 你的色彩分析很可能就会化作无用功。

　　上图是一张具有丰富色彩对比的照片，我们可以看到次要层级中存在着非常吸引人的色彩关系。然而，画面主要层级的色彩构成是什么样的呢？

　　如上图，我对原图片做了一个色彩概括，右侧的图片可以被看作原图主要层级的色彩关系。如你所见，我仅用了尽可能少的颜色就重现了画面的色彩结构，被削除的部分就是原图中次要层级的色彩对比了。

　　在使用参考资料的时候，我们应该优先考虑主要层级上的色彩关系与自己的创作预期较为吻合的图片，在色彩大关系能够匹配的情况下，那些微妙的对比才可能被继承下来。

Tips：介绍一种通过调整原图片的颜色来满足色彩构成参考需要的方法。

以下面这两张图片为例：

假设左图是我们的创作预期。

在创作中，经常遇到的情况是，你可能找到了一些图片，这些图片在黑白灰的比例分布上是符合你的心意的，但色彩构成却与你的创作预期完全不匹配。

这时除了另寻他路之外，你也可以利用图像处理软件调整参考图片的色彩关系，以获得适合自己的色彩构成。

以 Photoshop 为例，比较常用和好用的是曲线工具。

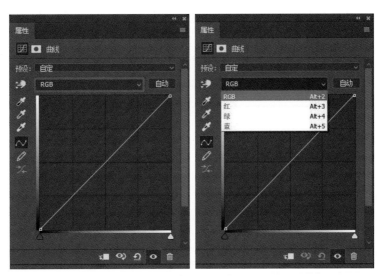

看上图，当你打开 Photoshop 中的曲线工具（快捷键 Ctrl+M）或调整图层中的"曲线"的时候。点击图中红框标记的位置，就会看到下拉菜单中有 RGB、红、绿、蓝这样的四个选项。

你可以这么理解，RGB 选项是用来调整图片的明度关系的，红、绿、蓝选项是用来调整图片色彩的。

以红色选项为例:

把红色曲线向上拉动,这代表了画面中处在曲线上那个红点附近明度的像素向红色偏移。

反之,向下拉动红色曲线,由于红色的互补色是青色,反向拉曲线就代表相应像素向青色发生偏移了。

绿色与蓝色曲线也是同理。

根据曲线工具的这个功能,我们可以配合着调整红、绿、蓝三条曲线来改变图像的色彩构成。

　　如上图，我利用曲线工具对原图做了一些色彩调整，在使用曲线对色彩进行调节之后，我还略微降低了一些画面的饱和度。

　　你会发现，调整过后的图片在色彩构成上依然是比较和谐的。这是因为我在使用曲线工具对图片做全局调整的时候，调整的行为对于每个局部来说都是同步的，一般来说，同步调整是能够维持色彩关系的和谐的。

　　可以看到，右图通过色彩调整，已经与假设的创作预期（左图）非常匹配和接近了。这样，一张原本不具有利用价值的图片，也就变成可以借鉴色彩关系的参考图片了。

第3章
质感表现

从这一章节开始，我们将要对绘画中的质感表现展开学习和研究。

如何才能更到位地表现物体的质感，这在很多人看来又是一件困难的事情。一些人认为表现质感的技能实在是太过"专业"了，印象中应该是传统写实绘画才会涉及的知识。

事实是不是这样呢？显然并不是的，我们日常接触到的许多视觉图像，其中就包含了质感的表现因素。

观察上图右侧卡通角色的眼睛，你可以看到设计师在瞳孔边上点了一个小白点。而这个小白点在左图真实照片中也可以被看到，这就是一个质感的表现因素（高光）。

在漫画中，你也会发现很多与现实材质相近的绘画表现，比如上图中头发和皮衣的视觉效果。

其至在拟物的图标里，你也能发现贴合现实的表现元素，上图中，图标和真实图像偏向上方区域的明度都显得更浅一些，以表现某种光滑感。

这些本身并不太写实的图像设计，却在模拟现实中的质感表现的原因是什么呢？

弄明白这个问题你就知道表现质感的重要性了，我相信，这个问题的答案也将会变成你下决心搞定质感表现的动力。

一、质感与材质的认知

（一）关于质感

回答之前的那个问题 —— 为什么许多并不真实的图像设计也在模拟现实物体的质感表现？

我个人认为，原因在于两方面：

一方面，质感是创造构成形式的方法之一；

另一方面，质感能使图形获得可信度和视觉好感。

1. 质感是创造构成形式的方法之一

首先，回顾一下我们在 " 黑白分阶 " 章节中学到的知识：

黑白分阶图是一种利用光影条件创造好的构成形式的高效练习方法。

质感是光影条件中的一部分（当然，这是一个新的知识），那么，按逻辑即可推出 —— 质感也可以是创造构成形式的方法。

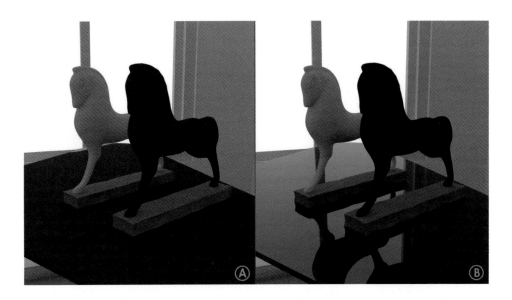

观察上图，A 图的桌面为一般材质，即过去我们借以研究光影和光色问题的漫反射材质；B 图的桌面为光滑的镜面反射材质，除此之外，两图的光影和表面条件都是相同的。

如果我们只用三个明度调子为 A、B 两个图做一个黑白分阶的话，结果分别会是下面这样的：

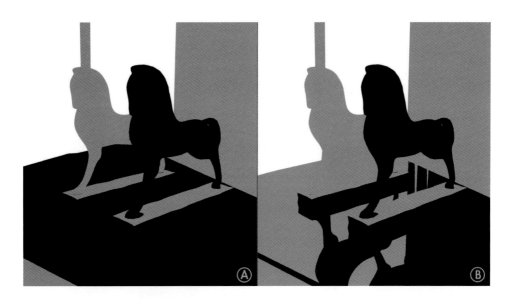

从上图中我们可以明确感受到，仅仅调整了桌面的材质，也足以给画面构成带来非常大的影响，两张图片的黑白分阶已经截然不同了。

色彩构成方面，质感因素的变化也能产生明显的影响：

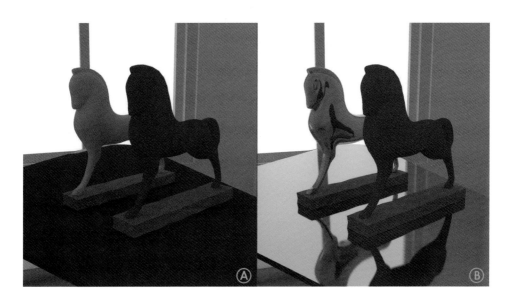

观察上图，A 图的桌面和远处的装饰物为一般材质，即过去我们借以研究光影和光色问题的漫反射材质；B 图的桌面和远处的装饰物为镜面金属材质，除此之外，两图的光影和表面条件都是相同的。

把两图的色彩构成抽象为简洁的色块：

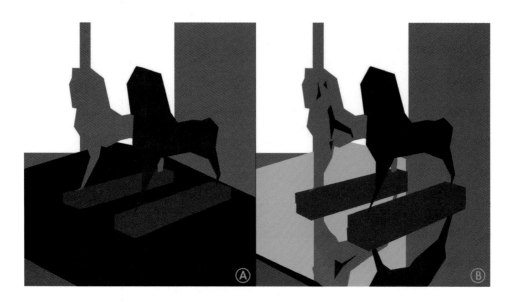

可以看到，调整材质属性使两张图片的色彩构成已经完全不一样了。

以上两个例子说明，我们可以在创作中利用材质产生的抽象对比，来满足不同的图底关系的衬托需要。从这个角度来说，材质的属性对你而言就成了创造构成的工具之一。

2. 质感能使图形获得可信度和视觉好感

一个有趣的现象：

游戏和影视作品中的星际级飞行器很多都被设计得倾向于流线型。

但是，我们知道外太空并不存在空气阻力，理论上飞行器并不需要像地球上的跑车飞机那样被设计成流线型。那么，这么做的原因是什么呢？

原因是，在我们的生活经验中，只要具备"速度快"这样特征的东西，无论是动物还是交通工具，无一例外都带有流线型的造型特征（存在空气阻力的地球环境中，流线造型是一种竞速优势）。于是，流线型和速度快这两者之间产生了一些认知上的联系，以至于当我们看到游戏或影视中出现的星际飞行器的时候，也会认为流线型才是一个正常的造型。

绘画或设计创作也不例外，如果你希望观众对你的作品产生可信度或者好感，你就应该使自己作品中的某些特征或架构符合观众过往的生活经验。

丰富的质感正是我们日常的视觉经验之一。

　　上图是我用三维软件加渲染器完成的一个室内小场景。从渲染角度看，光影光色的准确性应该都还算是合格的，但是，你是否会觉得它有什么地方不太对劲呢？

　　是的，这个场景里所有物体的材质都是相同的。

　　如果你仍然觉得没什么不对的话，请接着看下面这张图：

　　上图则具备了丰富的质感对比。

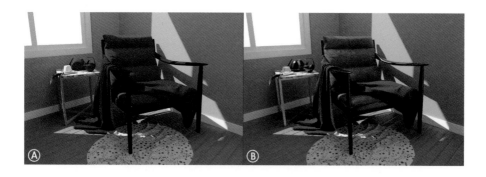

对比 A、B 两图，你就会发现多数人会认为 B 图更加自然可信，因为在我们的视觉经验里，所有物体的材质都一样的情况是绝少出现的。

使用"观察质感差异"的眼光去看下面这两张图片，你能从图中看到多少不同的材质呢？

因此，在合理的情况下，丰富画面中各个物件的质感表达，将能够给观众带来符合他们视觉经验的画面感受，这样他们才会认为你的作品更加可信和亲切。

说了这么多质感的重要性，质感究竟是什么呢？

(二) 质感是什么?

常见的对于质感的释义是:

质感是造型艺术形象在真实表现质地方面引起的审美感受。

质感是对不同物象用不同技巧所表现出来的真实感。

两个释义皆有一定的道理,一个强调真实质感带来的感受,另一个强调质感本身的真实性。两者的共同点是 —— 都认为质感表达了真实。对于塑造基础而言,我们暂且先把这个"真实"限定在表达不同材质的真实性上面。

那么,质感就可以被理解为:不同的材质表面对光照的反应的视觉呈现,称为质感。

物体的材质属性各有差异,在接受光照的时候所产生的视觉现象也会是不同的。

上面这张图片中包含了许多常见的材质,在光照下它们呈现了不同的质感:

A. 磨砂不锈钢:半光滑金属材质;

B. 陶器表面1:半光滑普通材质;

C. 高光漆桌面:光滑普通材质;

D. 镜面不锈钢:光滑金属材质;

E. 咖啡:子面材质;

F. 陶器表面2:漫反射材质;

G. 棉布:漫反射材质;

H. 玻璃:透明材质;

I. 瓷器釉面:光滑普通材质。

对照序号观察图片,你会发现一个有趣的问题 —— 有些完全不相同的物体,却可以被归为同一类材质。

例如：

C 和 I，即高光漆桌面和瓷器釉面，它们都可以被归为光滑普通材质。

F 和 G，即陶器表面2和棉布，它们都可以被归为漫反射材质。

这是由于这些表面对光照的反应是比较接近的，它们所呈现出来的质感也会比较接近。

按照这个思路，我们就会发现，大多数的物体表面都可以被归纳为几种最常见的质感，无疑这将降低质感表现的学习难度——你不必学习一万种物体表面质感的画法，只需要研究在光照下反应明显不同的若干典型材质即可。

我们将在稍后的章节中对这些典型的材质进行详细学习。

Tips：质感的表现，在绘画学习的系统里处于比较靠上的层级，也就是说，习得这个技能需要我们做好更多的基础铺垫。

在创作中正确表现质感的前提条件有两个：

一是具备对物体结构的理解与控制力，能够做出合格的结构翻转；

二是能够顺利进行表面为漫反射材质的物体的光影默写。

Tips："漫反射材质"就是本书光影推理章节中出现的默认材质。

因此，假如你到目前为止对结构翻转和漫反射材质的光影默写还存在较大的困难，我就不太建议你跳过这两项直接学习质感篇幅的内容。在质感推理的过程中，我们将会非常频繁地运用到结构和漫反射光影推理的相关知识，这部分前提如果缺失严重的话，必然会给后续学习带来相当大的障碍，一定要注意。

（三）材质的认知和归纳

这个世界上的材质总量是无穷无尽的，如果你认为学习质感表现就应该逐一研究每一个材质。那你可就错了，这无疑是一种非常不科学也不现实的学习方法。

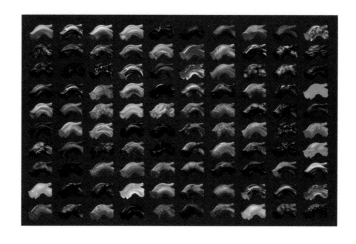

上图是我不依赖任何参考做的100个材质默写练习，并且我相信我还能默写出更多不同的材质。

我是怎样学习质感表现的呢？接下来的内容将会给你一个答案。

首先，请思考一个问题：我们是如何认知和归纳材质的呢？

应该是这样：

石头、木头、地面、毛发、皮革、大理石、玻璃、水晶、钢铁、黄金……

对吧？

或者，当我说"钢铁"的时候，你的大脑里可能出现了下面这样的一个质感：

可是，钢铁的材质可远不止这一种。

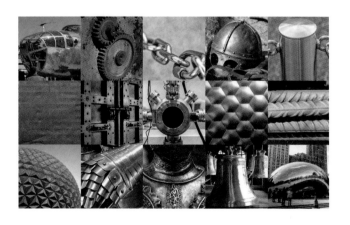

"钢铁"只是一个名词，它可以包含各种各样不同的质感，木头、玻璃等也是如此。这种以名词为类别的归类方式只会让你不得不应付无穷多个独立的研究对象，从而忽略它们之间的联系。你也许会好奇 —— 石头和钢铁、皮革和大理石之间还能有什么联系吗？它们看起来完全是不同的东西啊！事实上，我要告诉你的是，它们之间不仅有联系，而且还存在着变化规律。

先看几组材质对比。

第一组：

第二组：

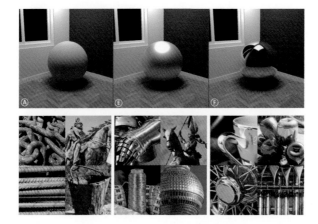

第三组：

观察每一组中的各个球体材质和与之对应的实物照片。我们发现，实物照片中的四个小图片的材质虽然各不相同，但是却同样具备了相应球体材质的主要特征。

比如：

图 C 球体材质的质感特征是什么呢？你可以试着自己总结一下：

从球体上能够看到环境（房间）和光源的映像，而且这些映像内容的边缘是清晰锐利的，球体本身的固有色也仍然可以辨识。

右侧四张图片分别是烤漆玻璃、陶瓷的釉面、玻璃钢涂料和车漆的表面，尽管它们的材质不同，但在质感特征方面是可以被归纳为图 C 中球体的这个材质的。

用区别质感特征的方式来认知和归纳材质，是学好质感表现的第一步。决定质感特征的因素可以被视为质感的参数，在实际创作的时候，我们只需调整这些参数即可还原出无限的具体材质了。

这也就是我能够无参考地默写材质的秘诀所在。

二、质感的主要参数

严格来说，人类视觉能够感受到的质感与材质一样，它的总数量是接近于无限多的。

而决定质感特征的因素（也就是质感的参数）也相当多，事无巨细地对这些参数进行研究是不现实的，假如你对各类渲染器的参数调节有所了解的话，应该就不难认同我所说的这一点了。

我个人的建议是：在入门的阶段，你应该先抓住最重要，或者是起作用最为明显的几个参数进行研究。这样不仅更易于入手，也能让你在一个较短的学习周期之后，就可以把这些技能运用到你的创作当中去。

在我看来，质感最主要也最重要的参数只有两个：

· 光滑度;

· 透明度。

掌握好这两个主要参数的调节和表现,就至少能够表达出70％以上的常见质感。相信我,对于一般绘画创作而言,特别是如果还有参考资料辅助的情况下,这些知识已经足够满足使用了。

(一)光滑度

所谓的"光滑度",就是指材质表面的凹凸程度。有时,这种凹凸并不像你想象中起伏得那么夸张,但也足以在视觉上创造出不同的质感特征。

上图中,从图 A 到图 E 是球体材质表面的光滑度持续提高的过程。

对比这几个图片,你应该能够感受到材质产生的质感上的变化。看着图 A 中的球体,你可能会想到水泥表面、粗糙的石头或木头;而看图 E,你会联想到打磨光滑的大理石或者陶瓷釉面;中间过渡部分,也就是图 B、图 C、图 D 则可能让你想起皮革或某些质感的塑料或纸张等。

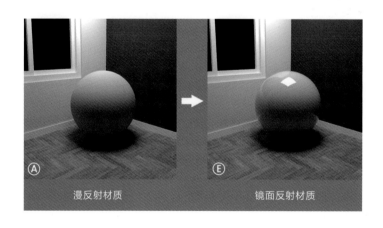

漫反射材质　　　　　　　镜面反射材质

我们把图 A 中这种光滑度很低的材质称为漫反射材质;把图 E 中这种光滑度很高的材质

称为镜面反射材质。它们之间处于过渡状态的材质则各具备了不同的光滑程度。

对比A、C、E三图：

观察三图的质感特征，能够发现，A、C、E三图的区别在于环境和光源在球体表面的映像有所不同。图E的映像是清晰锐利的，我们甚至可以通过球体辨识环境内容和光源，图C是模糊隐约的，图A则几乎看不到环境和光源的映像。

前文说到，光滑度指的是材质表面的凹凸程度。而通过光滑度不同的球体的对比，我们又知道了光滑的质感取决于环境和光源在材质表面的映像。那么，逻辑非常明确了——材质表面的凹凸程度与材质表面的映像状态有关。

漫反射材质和镜面反射材质在表面的凹凸区别，是如何改变映像状态的呢？

1.漫反射材质

尽管许多漫反射材质在肉眼看来还是挺平滑的，但是，你应该意识到，从微观角度看，漫反射材质表面存在着比较大的凹凸起伏（一方面可能因为表面颗粒凸起粗糙，另一方面也可能由于质地不够致密而存在微观上的孔洞等）。

见下图，由于漫反射材质球体表面的不致密或不平滑，环境在表面产生的映像无法按照

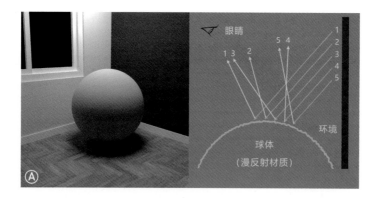

原有的序列进入我们的眼睛。于是，我们看到的其实是被无限打散了的环境映像 —— 是的，环境映像成了我们在光影和光色推理章节中提到的"环境漫反射"（或者传统美术中的环境色）。

因此，在漫反射材质表面，你是无法看到清晰的环境映像的。

2. 镜面反射材质

与漫反射材质相反，镜面反射材质的表面通常更加平滑，质地也更致密。

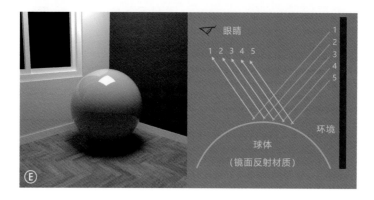

如上图，由于镜面反射材质球体表面平滑且致密，环境通过表面所反射的映像序列与环境原有的序列是一致的。于是，我们便可以看到球体表面边界清晰的环境映像了。

同理，处于漫反射材质和镜面反射材质之间的、具有一定光滑度的材质，因表面的光滑程度不同，反射环境原有序列的还原程度也不相同，从而形成不同的质感特征。

相对于普通材质而言，金属材质的环境映像同样也可以这么理解，请对比下面的两张图片：

对比普通材质和金属材质，你会发现无论光滑程度高或者低，两者对于环境映像的反射特征是存在共同点的，即环境映像在球体表面所在的位置都是一样的。

那么问题就来了：

既然环境映像的反射特征是表达质感的关键，我们应该怎样确定它在物体表面上的位置呢？

事实上，这正是大部分光滑质感所要解决的问题（甚至透明质感中也需要应用这个知识，因为透明的物体多数也具备了一定的光滑度），请务必重视对这个知识点的学习。

Tips：半光滑材质的绘制。

见下图，在 Photoshop 中用选区工具选中光滑球体，并对它进行适当的"高斯模糊"之后，球体表面的光滑度看上去就降低了。

半光滑材质的绘制是简单的——将光滑材质表面的环境和光源的映像模糊化表现出来即可，因此，我们应该把学习的重点更多地放在光滑的镜面反射材质上。

原图（镜面反射材质）　　　　　　　球体逐渐增加高斯模糊程度

3. 如何确定物体表面的环境映像

在我看来，表达物体的质感和表达物体在空间中的透视有一些相似之处。

正如我在本书透视部分内容中所说的"在表达单体设计的时候，透视往往不像你想象中那样'要做到绝对的精确'，只要相对正确，别人也可以理解你的构思"。表达质感也是一样，要精确表现复杂物体的质感是困难的，要在复杂表面上精确地确定环境映像同样不是一件容易的事——那需要像计算机那样强大的计算能力，人力计算是不现实的。

在创作中有实际意义的策略是：通过一些基本规律和估算，来获得映像在物体表面上的大致位置。

下面，我们来看应该怎样做吧。

（1）通过概括，降低物体表面结构的复杂度

想要把确定物体表面环境映像这件事变得更容易，第一步要做的就是利用概括方法来降低

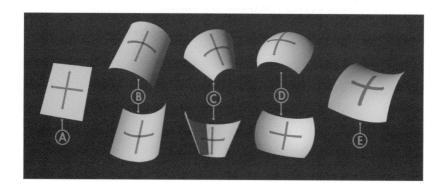

物体表面的复杂度。还记得"结构与透视"章节中的那些"典型表面"吗？我们又需要用到它们了。

典型表面可以概括几乎所有的复杂物体，如果能在典型表面上确定环境映像的位置，也就约等于确定了复杂物体表面大致的环境映像了。

Tips： 使用典型表面进行结构概括的方法参考本书"结构与透视"章节相关内容。

（2）使用平衡准确性和效率的方法

对于判断物体表面环境映像，如果想要平衡准确性和效率，我们应该做到：

表现好高光在材质表面上的位置；

对于平面上的环境映像，应该准确表达，因为平面是最常见的结构；

对于柱面、锥面、球面和马鞍形表面，因为计算量很大，为了效率，可以在准确度上略打折扣。

按照这三点来学习和操作，表现材质表面的环境映像就变得相对容易操作了。

4. 高光的概念与位置

请先思考以下问题：

高光是什么？是不是只要是光滑的镜面反射材质就一定有高光呢？

Q：高光是什么？

高光是环境映像中的一部分，实际上，高光就是环境中的主要光源在物体表面的映像。

汽车进气格栅上的高光是太阳的映像，太阳是这个画面中的主要光源。

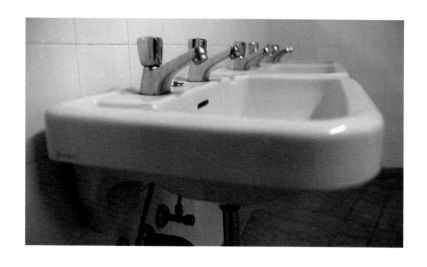

金属水龙头和陶瓷面盆转折上的高光是室内灯光的映像，灯光是这个画面中的主要光源。

壶具表面的高光是窗户之外的天空或环境的映像，虽然窗户本身并不发光，但窗户约束了光线的照射方向和面积，所以也可以认为此场景中的主要光源是窗户。

Q：高光在光滑的镜面反射材质表面是否一定存在？

答案是否定的。

上图中的陶罐表面有一层光滑的釉面，显然它属于镜面反射材质，但是你无法从陶罐表面找到高光（点），你只能看到其他环境的映像，但看不到光源的映像。

原因很简单，由于所处环境或观察角度方面的原因，陶罐没能镜面反射光源。

因此，并非只要是光滑材质就必须点上高光。事实上，初学者表现质感的一个很大的误区就是不明所以地狂点高光，这样做对于提升质感是没有帮助的，只会造成画面的琐碎。正确的做法是在高光可能出现的位置画上光源的映像即可。

另外，当物体表面确实可能出现高光的时候，我们应该尽量把高光的位置画对。因为多数情况下，高光总是显得比其他环境映像对比更强、更显眼。

（1）高光的位置

既然光源本身就是环境的一部分，那么，找高光的本质就是在材质表面定位外界空间中的一个点或面的映像。

做一个小实验，请对照左右两图观察（右图为将表面概括为平面后的球体）：

如上图，我在光影模型中放置了一个漫反射材质（不光滑）的球体和一个光源。

根据投影和明暗交界线，我们可以大致判断光源在空间中的位置，光源在球体的左上方。

根据光源与球体表面结构的关系，可以判断球体上最亮的部分大致在红圈处的这个面上，因为光线与这个面的角度最垂直，光源距离它也最近。

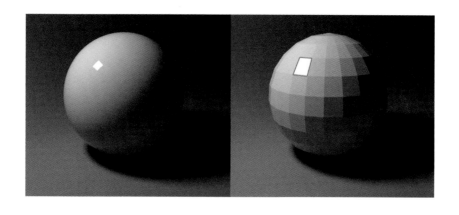

接着，我们把球体材质变成镜面反射材质：

当球体质感变得光滑之后，高光的位置出现在了上图的蓝圈处的这个面上。

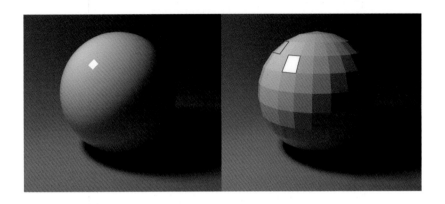

对照先前的红圈：

我们发现，高光位置并不在球体距离光源最近、角度最垂直的那个面上——这是初学者容易犯的错误。

高光位置为什么会出现在蓝圈处呢？请看下面的示意图：

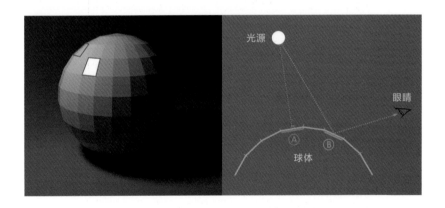

如上右图，与光源距离最近，角度最垂直的面是图中的 A 面，但高光是在 B 面上。

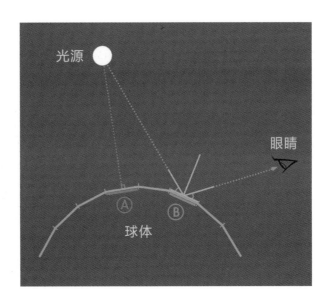

B 面满足了光源所发出的光线在这个面上的入射角等于反射角的条件，此时恰好光源在这个面上的映像直接反射到我们的眼睛中。

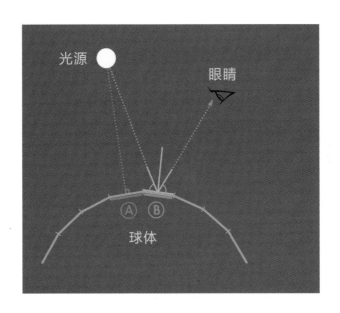

当观察的位置移动的时候，高光的位置也随之发生了变化。

也就是说：

A 面是漫反射材质物体上最亮的面，无论我们如何改变观察位置，它都是最亮的面。

B 面是镜面反射材质上的高光，高光随着观察位置的变化而变化；如果没有面能把光源镜面反射入观察者的眼睛的话，高光就不会出现。

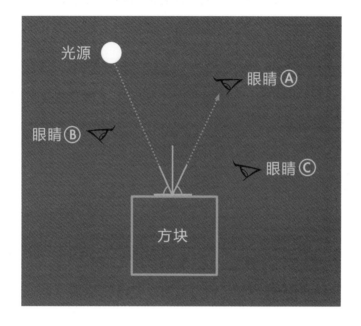

上图中，只有观察者的眼睛处于 A 处时，方块的上表面才可能出现高光，B、C 两处是无法看到高光的，因为这两处无法接收到光源的镜面反射。

精确地计算高光位置是困难的，特别是在创作中，我们甚至很难准确定位那些不出现在画面中的光源的位置，但明白上述原理仍然能够让你在确定高光这个问题上多一分把握。

总结一下，当我们考虑高光问题的时候：

先想好光源究竟在哪里，即便光源不出现在画面中，你也得大致考虑好它的位置。必要的时候，可以画一些平立面图作为辅助。

以"入射角等于反射角"的思路，估算可能镜面反射光源到我们的眼睛的表面，如果这样的表面不存在，则不必非要画上高光。

（2）判断高光位置的小技巧

观察上图中三个物体的高光，你能看出一些规律吗？

对，你会发现日常生活中，物体表面的高光经常出现在转折处，这是什么原因呢？这是违反了我们上面发现的镜面反射规律吗？

当然不是，真相是：

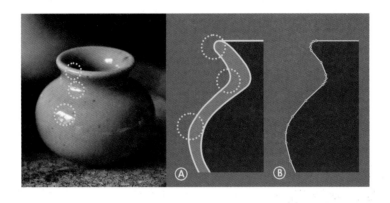

以这个容器上的三个高光为例。图 A 是容器的剖面示意，照片中的高光出现在黄色虚线圆圈标示的位置。在图 B 中，我对容器表面用线段做了一个概括，你会发现高光所在的位置（也就是本书"结构与透视"章节中提到的"关键转折"处）有更多的转折节点分布，这意味着这些地方有着更多朝向不同的面。

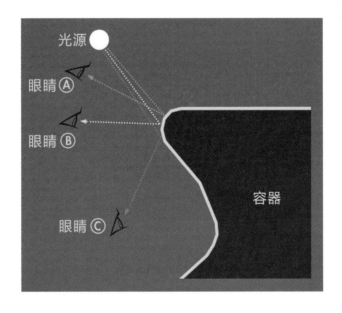

由于关键转折处朝向不同的面非常密集，观察位置发生变化（如上图）之后，这些区域

也是大概率会出现能把光源镜面反射到我们眼睛里的面的。

这就是为何高光很容易出现在关键转折处的原因。

5. 典型表面上的环境映像——平面

对于镜面反射材质而言，高光并不一定会出现，但环境映像则多多少少都会体现在物体表面上（否则就看不出光滑质感了）。因此，即便环境映像不如高光那么明显，我们也有必要为了表现好光滑质感对它们进行学习。

如下图，我将分别在虚线线框处放置不同的典型表面（为了便于观察，典型表面将会被设置为镜面金属材质），我会通过渲染三维模型的方式，揭示各种典型表面结构与环境映像位置关系的原理。

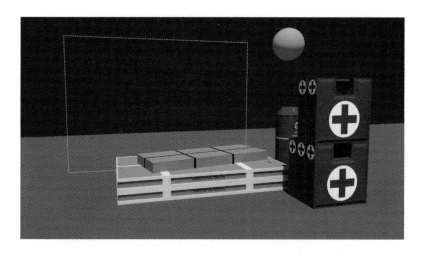

平面的镜面反射在绘画创作中是最简单同时也是最常见的，例如：

比较光滑的地面或平静的水面；

具有一定光滑属性的普通材质或金属表面。

由于平面的镜面反射在创作中很容易被应用到，例如，水面、光滑的墙壁或地面等，而且一旦出错，也非常容易被看出问题。所以，我个人认为对于这个知识块应该更加严谨一些对待，相关绘图法的掌握也是必要的。

在下面的模型中，我们也能在具备镜面反射特征的平面中看到环境的映像。

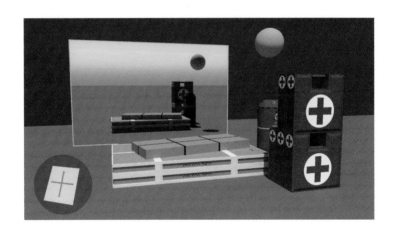

对照上图，观察下面的立面图：

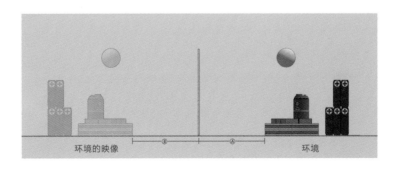

你可以想象平面的内部有一个与外界环境完全一致的"映像世界"，这个映像世界中的一切物体与平面的距离都和外面环境完全相同。

那么，我们就可以运用本书"入门篇""结构与透视"中讲述的点定位的技巧，在透视中画出平面内的环境映像。

为节约篇幅，仅举一个矩形的镜像的例子，其余点的镜像皆同理：

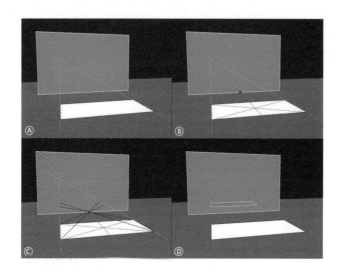

A. 假设平面外部有一个矩形。作矩形平行边的延长线至平面内部（也就是映像世界），延长线交于一个点，实际上这个点就是映像世界里面的矩形的消失点了；

B. 作交叉辅助线找到矩形面的中点，过中点与映像世界内的消失点连一条直线，找到矩形相对于平面的中点（红点）；

C. 将矩形的四个角点连接平面上的中点（红点），并将它们的延长线与平行边的延长线相交，得到四个交点，这四个点与平面外矩形的四个角点是完全镜像的；

D. 连接四个点就画出了矩形在平面上的镜像了。

6. 典型表面上的环境映像——柱面、锥面、球面及马鞍形表面

相对于平面来说，用绘图法绘制其他典型表面（柱面、锥面、球面及马鞍形表面）的环境映像是极为烦琐甚至难以操作的，由于这些表面的应用概率并不那么大且视觉容错度较高，我个人不太建议使用绘图法去绘制它们。

对于这些典型表面，我在创作中通常更多会依靠一些经验对环境映像做出估算。当然，这么说并不意味着估算毫无规律可循，接下来，我将告诉你一些行之有效的方法。

（1）柱面

在工业品或科幻概念设计中你能够见到一些材质光滑的柱面结构，例如，下图中的管道

和哈勃空间望远镜的银色外衣。

看一看在具备镜面反射特征的凸状柱面中的环境映像。

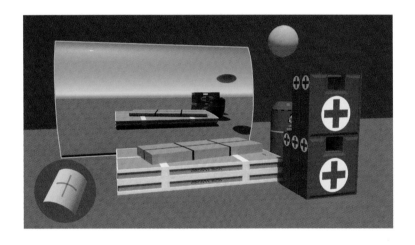

将其与平面的镜面反射材质做对比。

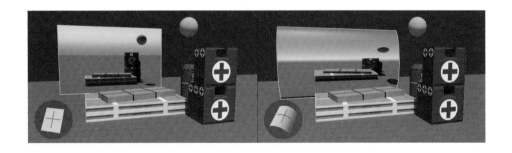

对比两者，我们发现柱面的环境映像中的主体物相比平面来说，看上去被压扁了很多，而天空和地面（特别是主体物前方的地面）的面积却变大了，这是为什么呢？

做一个概括，把柱面看作无数方形平面的一个组合。

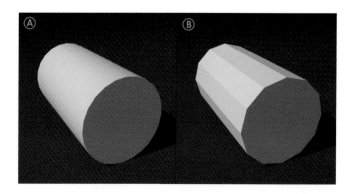

也就是说，你可以把 B 图中的各个平面理解为平面的镜面反射材质，或者干脆把它看成无数个小的方形平面镜子。

当柱面被概括为平面的组合之后，我们便可以确定每一个平面的朝向或者法线方向了。

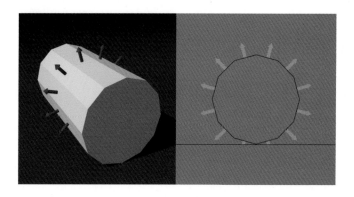

确定了平面朝向或者法线方向，就意味着你能够了解这些镜子各自能够照到哪些环境。这是非常重要的一件事，这相当于大致划定了一个映像范围，虽然并不精确。

把这个思路带入我们的测试模型中：

环境

想象一下，柱面如果由无数平面镜子构成的话，那么，这些平面镜子的法线应该如上图中的红色箭头一样，呈扇面发射状。

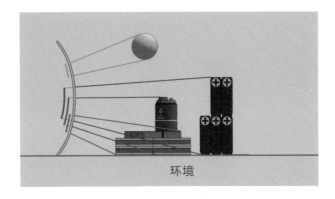

如上图所示，柱面中各种颜色区间的表面，分别对应了环境中的各个物体。

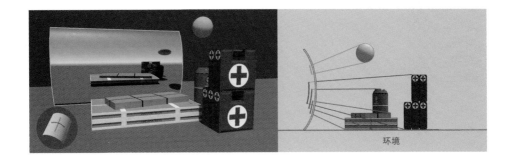

柱面上映像的高度由于扇面法线的缘故，是短于实际物体的，因此，柱面中主体物看起来显得被压扁了（同理，如果柱面是立起来的，物体则会被横向压缩而显得很窄）；柱面上下部分分别朝向天空和地面，这就是柱面相比平面来说，表面出现了更多天空和地面的环境映像的原因了。

上面我们所设定的柱面是凸起的，那么，如果是凹状柱面又会是什么样呢？

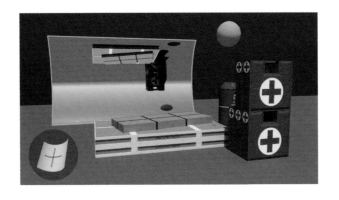

我们可以看到，凹状柱面中的主体物也被压扁了，天空和地面的面积也很大，但是环境映像是上下颠倒的。配合立面图和法线朝向，这个现象的形成原因是很容易理解的：

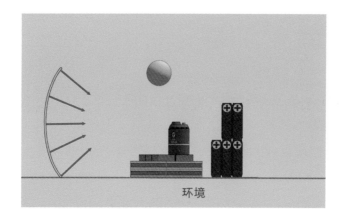

凹状柱面的法线与凸状柱面是相反的，简单说就是"上朝下，下朝上"，因此，环境中的主体物在凹状柱面上的映像区间是这样的：

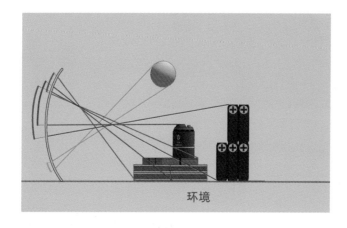

在测试场景中呈现的效果就成了上下颠倒的映像了。

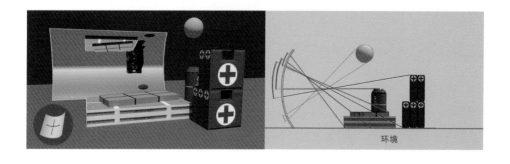

Tips：镜面映像的估算。

如前文所述，以上推理柱面的环境映像的方法并不能做到绝对的准确，只能大致划定一个映像范围，当观察角度发生变化时，环境映像会出现一定的偏移（原理与高光映像相同）。

我们将柱面与同观察角度的平面相比，请留意观察角度变化时，表面上的环境映像所发生的变化。

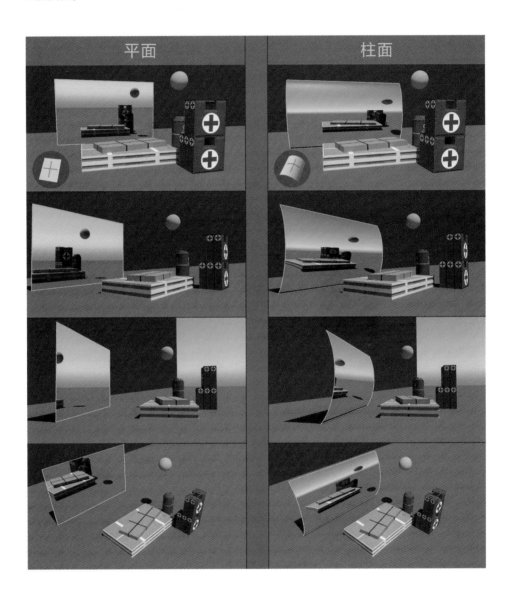

需要进行估算的部分，其实就是"映像世界"里的主体物与柱面的距离，即下图中黄色虚线框内的部分。

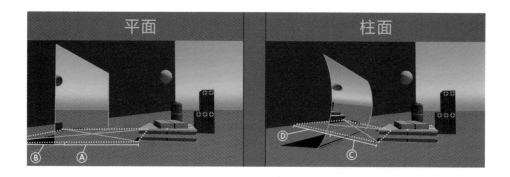

在平面中，我们是通过制图法获得 A 与 B 在透视中的等距的。

在上图凸状柱面中，你可以看到黄色虚线框是倾斜的，这是由柱面法线方向所决定的。我们要以这个虚线框为大致参照，估算出 C 与 D 的等距，那么，就得到了"映像世界"里的主体物与柱面的距离了，其余点的镜像皆同理。

锥面、球面和马鞍形表面（单叶双曲回转面）的环境映像与表面的距离估算也是这个道理，以下不再赘述，仅对它们的法线方向和映射特征做一些解析。

（2）锥面

以下是一些具有镜面反射质感的锥面结构。

观察模型场景，先看凸状锥面，

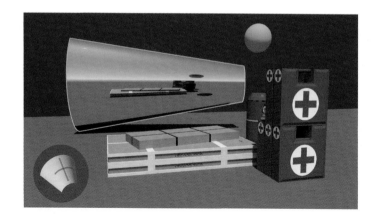

将其与凸状柱面的镜面反射材质做对比，

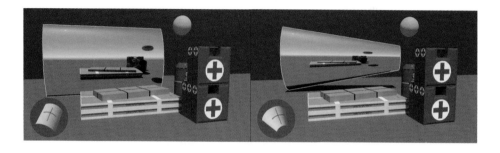

我们会发现两者存在相似之处——主体物都被压扁了，天空和地面面积都很大。区别之处是凸状锥面中的环境映像有放射状的特征，而柱面没有这个特征。

正如柱面可以被理解为方形平面的组合，锥面也可以被理解为无数的三角形平面的组合，

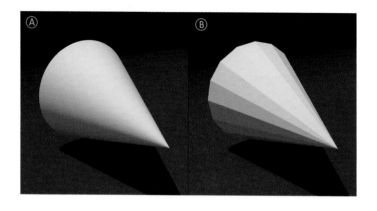

锥面的每一个三角形（或梯形）平面中的环境映像是存在拉伸的，如下图：

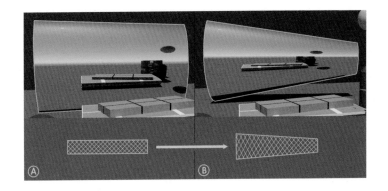

那么，整个锥面中的环境映像就会是柱面的一种变形。你还得留意概括的每个三角形（或梯形）平面的朝向，它们的朝向相比柱面的也有了变化，因此，可能出现在锥体上的环境映像的内容就会有一些区别。

凹状锥面呢？

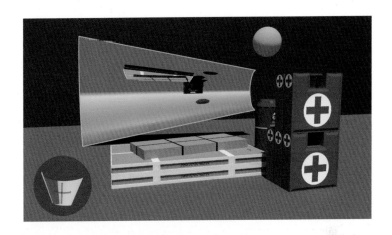

与凹状柱面同理，出现了上下颠倒的环境映像，对比下图应该就不难理解了。

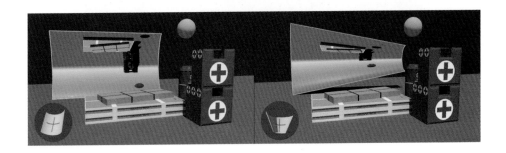

（3）球面

以下是一些具有镜面反射质感的球面结构：

观察模型场景，先看凸状球面：

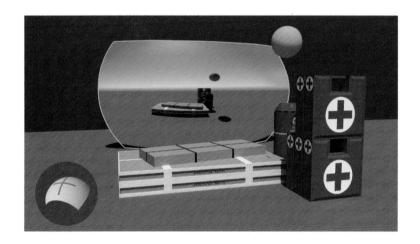

将其与凸状柱面的镜面反射材质做对比：

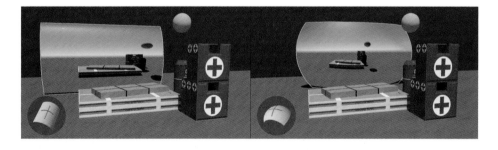

两者也存在相似之处，两者的主体物都被压扁了，天空和地面面积都很大。区别之处是，在凸状球面中，主体物的环境映像的宽度也变得更窄了。

见下图：

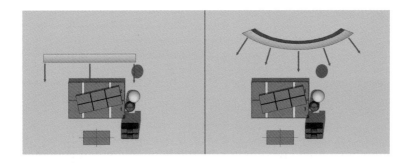

　　凸状球面的四周边缘部分是向后卷起的，也就是说，它的法线方向是放射状的，因此，和凸状柱面相比，左右两面能够映射的环境内容更多。

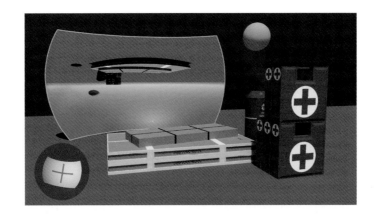

　　凹状球面与凸状球面相比，差别就是上下左右都颠倒了，因为凹状球面的表面法线是"上朝下，下朝上；左朝右，右朝左"的。

　　（4）马鞍形表面（单叶双曲回转面）

　　马鞍形表面相对比较少见，下图中头盔的下部具有马鞍形表面结构特征，

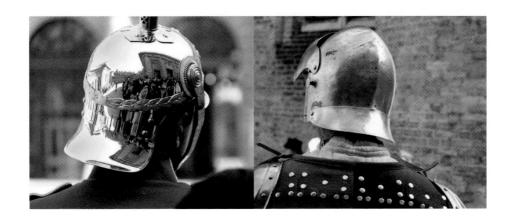

观察模型场景：

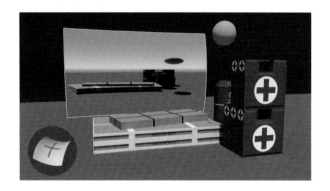

我们可以看到，上图马鞍形表面中的环境映像呈现了"上下被压缩（即看到的环境映像更多），左右被拉伸（即看到的环境映像更少）"的特征。造成这个现象的原因仍然可以从法线方向上去找。

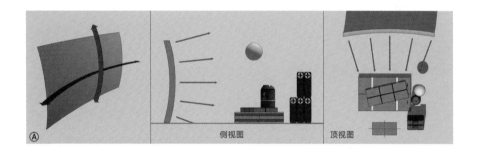

观察上图 A，图中的马鞍形表面的走向是箭头所示的样子，结合侧视图与顶视图的法线方向，就不难理解为何主体物的环境映像呈现"上下被压缩，左右被拉伸"的特征了。

以上，我们通过渲染三维模型的方式，了解环境映像在各种典型表面上的形成原理。

总结一下，当你想要确定一个复杂物体表面的环境映像的时候：

先用典型表面（或基本几何体）对复杂物体进行结构概括；

分析各个典型表面的法线朝向，找到法线对应环境中的物体在表面上所处的大致区间；

估算获得"映像世界"里的主体物与表面的距离，确定环境映像位置；

有必要的话，用典型表面进一步概括局部的结构，重复上述操作。

（二）透明度

所谓透明度，简单理解的话，可以视为光线能够穿透物体的程度。

图 A，小伞的伞面是由磨砂玻璃制成的，磨砂玻璃是半透明的；

图 B，光线穿过了每一颗葡萄，使葡萄的暗部也显得明亮，葡萄也可以算是半透明的。

但是，图 A 与图 B 半透明质感的形成原理是不同的，事实上，它们正代表了透明度参数可能形成的两种质感：一种是普通透明材质，另一种叫作子面散射材质。

接下来，我们就分别对这两种材质进行研究和学习。

1. 普通透明材质

假如你能把材质的光滑度特性埋解到位，普通透明材质的透明度对你来说就会变得简单许多。因为大多数透明的物质同时也具备了不同程度的镜面反射特征。

观察上图中的玻璃酒杯，虽然它的质感与我们之前分析过的常规光滑材质看起来完全不同，但你仍然可以从杯体上看到镜面反射的特征——包括杯子左上角的高光和杯身上的环境映像。

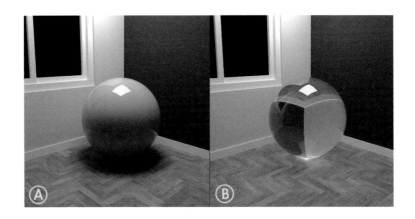

也可以对照着看下面的渲染模型：

图 A 是普通镜面反射材质，类似陶瓷的釉面；图 B 是普通透明材质，类似透明玻璃。

两者的共同点，是它们的表面都很平滑致密，因此，你能够看到形状和位置完全相同的环境映像和高光。在这一点上，透明材质和其他的镜面反射材质是没有区别的。

那么，使玻璃看上去像玻璃而不是陶瓷的原因是什么呢？

当然就是光线的穿透性了，光线无法穿透普通镜面反射材质，但却可以穿透普通透明材质。

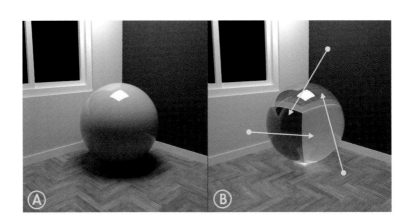

光线穿透图 B 中的透明球体，让我们看到了被球体遮挡的房间角落，也就是球体与图 A 相同的环境映像之外的那个部分。

这部分透过球体的环境映像是透明材质的研究重点。

想要理解普通透明材质的透明质感问题，是绕不过"折射"这个词的。

维基百科对折射的定义是：光从一种透明介质（如空气）斜射入另一种透明介质（如水）时，传播方向一般会发生变化，这种现象叫光的折射。

上图中，铅笔处于空气和水里的部分看上去有些错位就是折射的缘故。

再看下图：

对比 A、B 两图中的球体。

什么？图 A 中有球体吗？

是的，你没看错，两图的区别在于：图 A 中球体材质的折射率为 1，光线穿过球体时没有发生任何折射，而球体背后的环境在接受光照并反射到眼睛的过程中也未受到其他干扰。这种情况下，理论上我们是看不到什么球体的。你也可以把这种情况视为绝对的透明，这在现实的物理世界中是几乎不存在的。

不同的透明材质有着不同的折射率，如你所见，上图中球体背后环境映像的形状，因预先所设定折射率的不同而显得各有差异。

在实际的绘画创作中，透明的材质很少会作为主体物出现，多数只是局部点缀（除了水，后面我会讲到水的材质表现）。因此，我们不需要过分纠结于精确表现每个透明材质相应的折射状态，这是没有必要的。

我个人的建议是学习一种比较经典的折射表现就好，例如，上图中的图E。

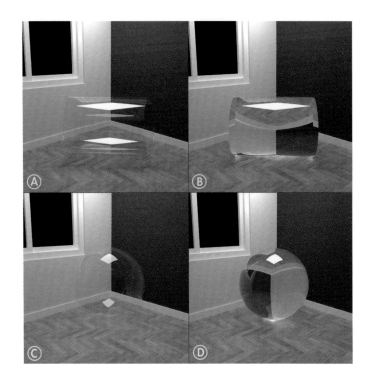

观察上图，图A、图C与图B、图D的材质是一样的，区别是图A、图C是空心的，你可以把它们理解为空心的玻璃管子和空心的玻璃球；图B、图D是实心的。

由于图A、图C中物体的透明材质很薄，所以能呈现出来的折射现象也很弱，物体背后的环境形状不会发生很大的变化。

如图所示这类虽然透明，但厚度很薄的材质，在绘画表现的时候是可以不考虑折射因素的，你只需把镜面反射的环境映像（多数情况下对比很弱）和高光画上去就可以了。

图 B、图 D 的情况要复杂一些，由于透明材质比较厚，光线穿透物体时产生的折射现象会很明显。

接着看下图：

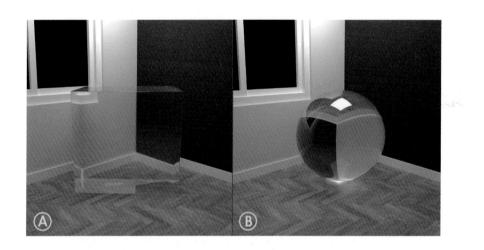

我在图 A、图 B 中分别放置了透明实心的方块和球体，它们都比较厚，但是所显示的物体背后的环境形状却不相同。在图 A 的透明方块上虽然能够看出折射效果，但背后的环境形状基本上还是正常的（除了有些错位）；图 B 背后的环境形状则发生了"上下颠倒，左右颠倒"的情况。

这个差异是由物体的结构决定的，透明球体背后的环境形状发生颠倒的原理和凸透镜是一样的，它们都是中间厚、边缘薄的形状。因此，只要是球状的实心透明物体，在绘制它们背后的环境的时候，都可以使用这个思路。

上图中的玻璃珠，酒杯和水滴都具备球状实心透明物体的条件，因此，它们对背后环境的显示也是"上下颠倒，左右颠倒"的。

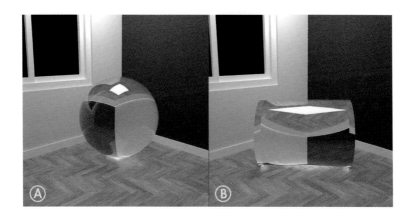

看上图，与图 A 中的球体相比，图 B 中的圆柱结构只有纵向的弧度，而没有横向的弧度，所以圆柱背后环境的显示只发生了"上下颠倒"而没有"左右颠倒"。

Tips：半透明材质的绘制。

原图（普通透明材质）　　　　球体逐渐增加高斯模糊程度

当你想要降低普通透明材质的透明度的时候，也只需要像降低光滑材质的光滑度那样，把球体表面做一个高斯模糊就可以，原理是相通的 —— 半透明普通材质也是因为表面粗糙，而导致环境形状的序列被打散，最终形成了"磨砂"的感觉。

2. 子面散射材质

观察下面的图片:

我们在日常生活中经常能够看到上图这样的半透明质感,比如皮肤、蜡、玉石以及一些塑料等。你肯定不会把这些材质和磨砂玻璃的半透明混为一谈,因为它们的形成原理是不同的。

普通透明材质的半透明,是因为材质表面存在微观结构上的凹凸,也就是由材质表面粗糙的原因而形成的。

但上图中的这种半透明则并非这个原因,你可以把这种半透明看作因材质内部物质的"混浊"而形成的。这种类型的材质,叫作子面散射材质。

请看下面的示意图:

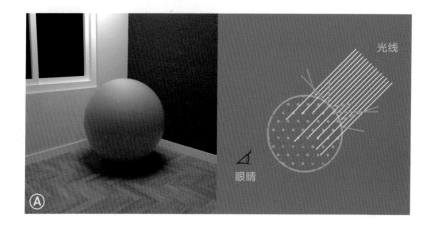

光线进入子面散射材质内部的时候，在物体内部遭遇"混浊颗粒"（混浊颗粒在此只作为一个便于理解的概念），发生散射并且不断折射，部分散射或折射光透出物体表面被我们的眼睛所看到——子面散射材质显得透光的原因。

　　上图中，图 A 是普通的漫反射材质，图 B 到图 E 是子面散射材质的混浊度逐渐降低（越来越透光）的过程。

　　可以看到，透光度越高的子面散射材质，亮部暗部的区分越不明显。这是因为透光度越高，进入物体内部的光线就越多，在物体表面发生漫反射的光线就越少（亮部暗部的区分主要由光线的漫反射形成）。

　　并且，透光度越高的子面散射材质，透光部分的饱和度就越高，因为光线更多地进入物体内部，遭遇带有颜色的混浊颗粒并发生散射和折射之后，散射和折射的已经是带有混浊颗粒的色相的色光了。

（三）菲涅尔反射和水的材质特征

1. 菲涅尔反射

　　菲涅尔反射是在现实中特别常见的一种光学现象，写实绘画创作的塑造表现也离不开它。

　　观察下图：

　　图 A 里的球体是完全不光滑的漫反射材质，图 B 到图 E 是球体光滑度依次提高的模样。

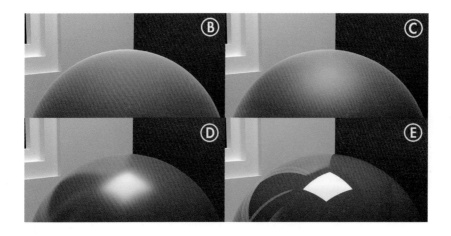

可以看到，除了图A之外，图B、图C、图D、图E的球体边缘都出现了一些"亮边"（模糊程度不等的环境映像），这些亮边就是菲涅尔反射的体现——球体中心处的反射较弱，边缘处的反射较强。

除了完全光滑的金属镜面材质和完全不光滑的漫反射材质（很少）之外，几乎所有的材质都存在菲涅尔反射这种光学现象。不少初学者总觉得自己画在场景中的物体无法与环境相融，原因之一很可能就是忽视了菲涅尔反射的存在。

Tips：这种现象与观察者视线和物体表面的角度有关。

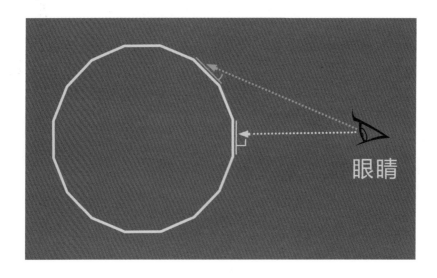

观察者视线与物体表面的角度越垂直，环境反射越弱；与物体表面的角度越小，环境反射越明显（也就是亮边越明显）。

让我们看看现实世界中的菲涅尔反射：

上图中西红柿的边缘出现了菲涅尔反射的亮边。

平面也不例外，上图中，远处的地面看上去比近处的反射更强：

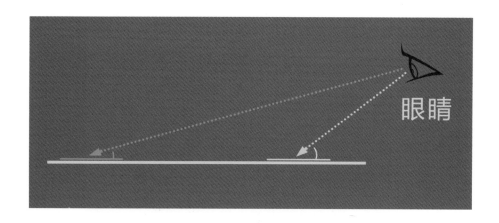

那是因为视线与远处的夹角更小。

但是，你仍需额外注意一点：

假如物体所处的环境，比物体本身还要暗，那么菲涅尔反射的"亮边"就不会出现，例如，见图 B。

这并不是图 B 中球体表面的菲涅尔反射消失了，而是因为菲涅尔反射本质上仍是环境映像的一部分，环境太暗的话，映像在物体表面就看不出来了。

2. 水的材质特征

理解了菲涅尔反射，再来理解水的材质特征就会变得特别简单了。

观察上图中的湖水表面，湖水的远处更多地出现了镜面反射的效果，你能够看到远处山和树的倒影；而近处则偏向于普通透明材质的特征，你看到的是湖底的石头和水草。

这种现象仍然是菲涅尔反射造成的。

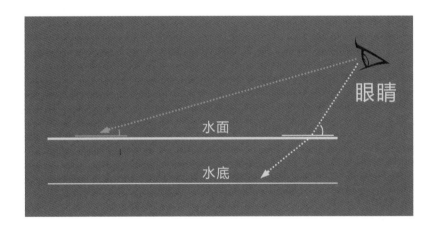

视线与远处夹角更小，因此，远处的水面的镜面反射更强，特征上更像镜子；视线与近处的夹角更偏垂直，反射更少，视线可以穿透透明物质，看到水底的东西，特征上更像玻璃。

三、质感的学习方法

初学者在质感的学习过程中，总是容易出现这样的一些问题：

画镜子和不锈钢应该用什么颜色啊？

自己创作中能够画出的材质数量总是很少，怎样才能让材质丰富起来？

质感那么多，应该怎样分配精力去学习呢？

对于结构复杂的物体，推不出位置和形状准确的环境映像，心里很不踏实怎么办？

下面，我就逐一给出我对上述问题的建议吧。

（一）环境设定很重要

通过上一章的学习，你应该发现了表现质感的一个秘密，那就是质感的两大参数 ——光滑度和透明度 ——都和物体之外的环境有着密切的关系。

大多数的材质，要么以不同程度的反射体现环境，表现物体的光滑感；要么以不同状态的折射体现环境，表现物体的透明感。而想要做好这些反射或折射的推理，必须先考虑两个问题，第一个问题是物体概括结构的面的朝向问题，这一点在前面的章节中已经讲过了；第二个问题就是环境的设定问题。

举一个例子：

如果你要在创作中画一面镜子，你应该用什么颜色去表达"镜子的银色"呢？你会发现似乎用什么固定的颜色都是不合适的，因为镜子属于金属镜面反射材质，这种材质本身没有固有色，镜子里体现的颜色和内容都来自环境。

如上图，你可以试着把这张照片看作自己的一幅画：

此时画面中实际的物体只有两个，一个是天空，另一个是转角镜。但是，如果你想要画出镜子的质感，你就必须考虑清楚镜子所能反射到的环境究竟是什么样的 —— 即便那些树木、桥梁和道路都没有出现在画面里，你也要把它们想清楚。

这张图片中并不存在任何蓝色的色相，为何武士的金属肩甲和头盔上却出现了蓝色呢？原因当然是它们镜面反射了不存在于照片内的天空。

如果是创作的话，你得多考虑一些合理性方面的问题。比如，图中虽然没有出现天空，但是根据图片中的阳光和室外氛围，逻辑上便可以认为肩甲和头盔能够反射天空是一个合理的设定。

总之，只要你想创造质感，你就应该在刻画它之前，先设定好周边的环境条件。

（二）如何创造多种多样的材质

1. 一种材质搭配不同的图案纹理

我发现，不少人认为质感太多学不过来的原因，往往是他们混淆了图案纹理与材质的概念，假如以图案纹理作为质感的区分依据的话，那质感还真是学也学不完的。

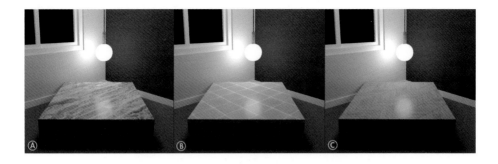

图 A、图 B、图 C 三个场景中各放置了一个方块，图 A 为哑光石材，图 B 为哑光瓷砖，图 C 为强化地板。

这三个方块的材质分类都属于半光滑的普通镜面反射材质，你可以看到方块表面对灯泡的环境映像特征也完全相同。

但是，它们在场景中给人带来的感觉并不完全相同，这是为什么呢？

原因在于，三个方块虽然材质分类相同，但方块表面的图案或纹理在视觉上能够产生很强的质感暗示，在这种暗示下，你会觉得图 B 的瓷砖似乎比图 C 的强化地板看起来更硬一些。

从我个人的经验来说，在创作的时候，只需掌握不超过十种的基本材质（包含它们的质感参数变化），搭配各式各样的图案纹理，就可以带给人以千变万化的质感。

2. 多种材质的混合穿插

在一个表面上混合穿插运用材质也可以带来很多奇妙的质感。

这个世界上存在很多"不均匀"的材质，例如：

上图中的地面就是一个不均匀的材质，从地面的反射可以看出，地表面上的一部分显得

比另一部分更光滑一些。实际上这就是漫反射材质与普通镜面反射材质的混合穿插，它带来了单一材质无法具备的丰富感。

这张图片中的马头也同样混合穿插了多种材质。生铜锈的部分可以被看作漫反射材质，仍能看出青铜质感的部分，则具备了金属镜面反射材质的特征，虽然并不是特别光滑。

此外，还有一个常见的不均匀的材质就是人类的皮肤。以面部皮肤来说，脸颊和鼻头由于皮肤较薄且毛细血管丰富，这些地方的皮肤就比较倾向于子面散射材质；额头、下巴和嘴部周围的皮肤较厚，相对就比较偏向带有一定光滑度的普通材质了。

所以，在没有做好相关功课，比如找到足够的材质参考之前，最好不要想当然地跟随大脑里的固有印象去表现质感，那样很容易让你的创作变得不太可信。

（三）依据使用频率进行质感学习

虽说世界上存在着几乎无限数量的质感，但是不同的质感出现的频率却不相同。

不信的话，请环视你的周围，看看身边的物件各是什么样的质感 —— 如果你真的这么做的话，就会发现，我们身边可以看到的80％的质感都和"光滑度"参数有关，与"透明度"参数相关的物体的数量不超过20％，而且通常体积都不太大。

这与我们在创作中对于质感的使用频率是一致的。多数情况下你总是在和光滑程度不同的普通表面或金属表面打交道，即便作品中出现了一些具有透明度的物体，也通常只做点缀用，很少担当为画面的主体。

首先，我们可以根据视觉经验和使用频率，来分配精力和时间到不同的质感学习中去。

最需要掌握的肯定就是漫反射材质，应该说这是质感的基础。

其次，则是光滑程度不同的普通或金属镜面反射材质，它们出现的概率甚至比漫反射材质更高，我们生活中常见的材质表面多数都具有一定程度的光滑质感。

最后，就是一些带有透明属性的东西了，例如，一些半透明的布料、宝石等。对于这类出现概率不是特别高的材质，完全可以用积累的方式来学习。换句话说就是遇到一个，研究一个，掌握一个，逐步丰富自己对于罕见材质的表现能力。

（四）基本原理配合估算方法

对于结构复杂的物体来说，苛求质感表现的精确性是一件既没有必要，也不太可能的事情。

还是那个道理，我们不必追求渲染器一般的精确度。勉强为之，则必然丧失效率和绘画表现的乐趣。正确的态度是出现频率越高、越容易被看出破绽的，尽可能做得精确一些；出现频率低和难以计算的，则在基本原理指导下做出合理的预估就好。

举一些例子：

如上图，我在空间中放置了一个结构非常复杂的物体 —— 米开朗琪罗的大卫头像。

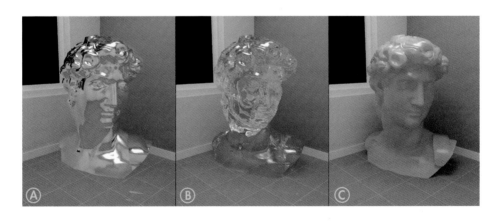

分别将材质设置为金属镜面反射材质（图 A），普通透明材质（图 B），子面散射材质（图 C）。然后我们以上面三个渲染结果做一个反向的概括推理。

金属镜面反射材质：

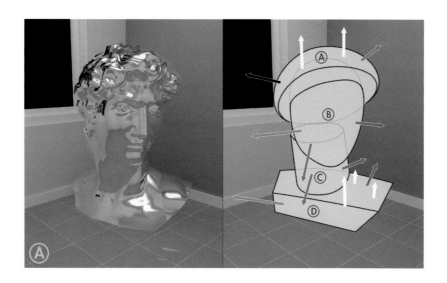

    先把复杂物体进行一个简要的概括，大卫的头发圈 A 和脸部圈 B 可以被概括为类似球体的形态；脖子圈 C 可以概括为圆柱，肩膀和前胸部分圈 D 概括为方块的形态。

    按照上一章节"典型表面上的环境映像"中所述的方法，分析概括形态的表面法线朝向，对照渲染模型的结果，你是不是就能理解模型上那些环境映像和高光的位置和形状了呢？虽然头像的形态复杂，但环境映像的分布基本还是按照概括形态来的，至于一些特别细微的映像形状误差，我个人认为是无关紧要的，并不影响整体质感效果。

    普通透明材质：

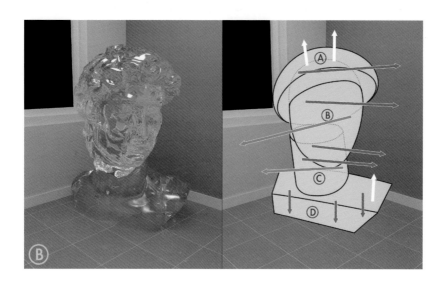

普通透明材质中，由于肩膀和前胸部分圈 D 的形状偏向于方块，因此，光线直接穿透物体照到了地面上；头发圈 A 和脸部圈 B 偏向于球体形状，你可以看到球体透明材质"上下颠倒，左右颠倒"的环境显示特征。

子面散射材质：

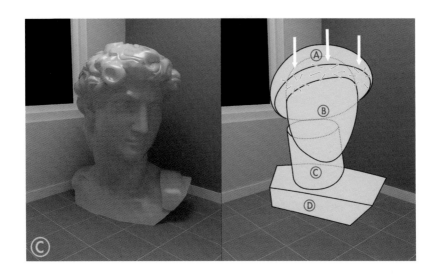

大卫额前头发的材质厚度较薄，光线从上方射入材质内部之后，发生了散射和折射，使额头和头发交界处附近的明度和饱和度得到提升。其他部分由于较厚（相对于光源照射方向），子面散射材质的特征就相对不那么明显了。

四、质感默写

当你具备了以下两个条件，你就可以开始尝试做一些质感默写练习，来测试自己表现质感的能力的掌握程度了：

对物体结构有比较透彻的理解，能够进行漫反射材质的光影或光色默写；

对最重要的质感参数（即光滑度和透明度）理论有一定认知，能够结合理论估算物体表面环境映像的位置和大致形状。

接下来，我将运用相关理论知识进行一些质感推理的练习。

（一）准备工作

在默写之前，你需要考虑并确定这三个问题：

用以表现质感的主体物是什么？

主体物周围的环境是什么样的？

光源是什么？在哪里？光源的形状大致是什么样的？

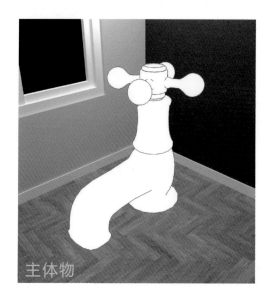

在这个默写练习中，我使用上图中的这个水龙头作为练习对象，它是一个难度适中、易于入门的造型。从水龙头的结构上，我们可以看出比较明显的几何特征。

主体物周围的环境是一个有一面窗（窗外并没有光照）、三面浅灰墙、一面红墙和暖黄色地面的房间。

Tips：之所以设置墙面地面颜色各不相同的环境，目的是让你关注实际环境和物体表面环境映像的对应关系。

这个场景中的光源只有一个，即上图所示的处于主体物上方的方形面光源。

（二）分析、概括结构

为了降低推理难度，可以先对主体物做个结构概括：

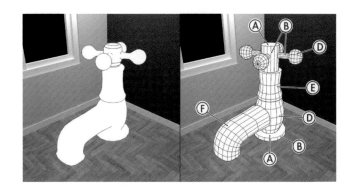

如上右图，我们可以利用几种典型表面简化物体的大致结构。将图中的序号对照下图，即可理解主体物各个面的简化状态和法线方向了 —— 明确法线方向是表现环境映像的重中之重。

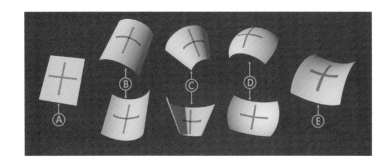

主体物的龙头部分圈 F 可以用截面来帮助理解结构：

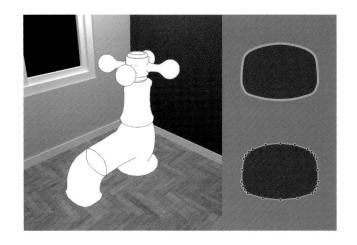

通过截面分析，就可以得知龙头的关键转折的位置（上图中红点密集处），这些地方出现高光的可能性较大。

（三）漫反射材质

根据光源位置、光照方向和物体结构，先按光影推理的方法把漫反射材质画出来：

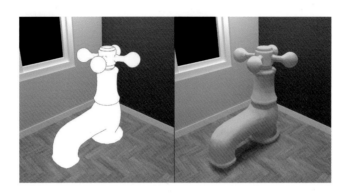

凡是具有"不光滑，不透明"特征的漫反射材质，无论物体表面带有何种图案和纹理，推理思路都与上图相同。

如上图，我以漫反射材质的思路，绘制了一个锈迹斑斑的水龙头。眯起眼睛观察整体的话，你会发现左右两图在光影特征方面是完全相同的，它们有着相同面积的亮暗部、投影和闭塞。唯一的区别就是两者的图案和纹理不同（相当于三维模型中的贴图不同）而已。

（四）普通镜面反射材质

普通镜面反射材质与漫反射材质的区别，在于前者表面可以看到环境映像，也可能会出现光源映像（高光）。

通常你可以优先判断物体表面是否有高光存在，因为高光的对比更强，画出（可能存在的）高光能够迅速体现材质的质感。

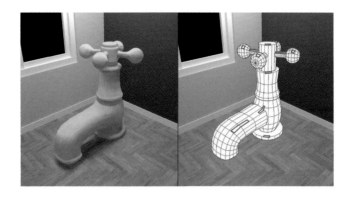

根据之前学到的理论知识和估算方法，以"入射角等于反射角"的思路，估算物体结构上可能镜面反射光源到我们的眼睛的表面。此外，在关键转折处出现高光的概率是比较大的。

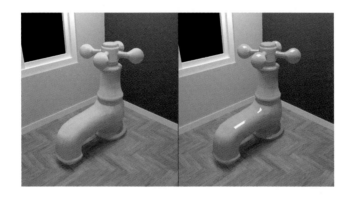

绘制出高光，如果你想要的是更光滑的质感，务必让高光的边缘锐利一些。

另外，固有色相同的物体，普通镜面反射材质看起来会比漫反射材质更暗一些，这是因为前者表面的漫反射比后者少，你可以看到右图水龙头的亮部比左图稍微要暗一点。

接下来，按照概括之后的各个典型表面的法线朝向，推理估算出物体表面的环境映像，

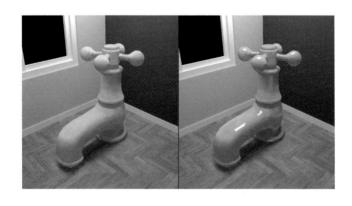

需要注意的一点就是：

普通镜面反射材质上的环境映像的对比是比较弱的，通常你只需要画出比主体物更亮的部分的环境映像就可以。例如，环境中的白墙、窗框比主体物的亮部更亮，应该在物体表面有所体现，红墙相对更暗，一般是可以不画出来的（因为对比太弱）；地面的明度相比物体暗部来说，也是比较亮的，因此，在暗部也应该有所体现。

据此可以推出，如果物体本身的固有色比较暗，环境映像则会显得更加清晰。

我们可以按照这个思路，给任何图案纹理不相同的物体增加光滑度，例如：

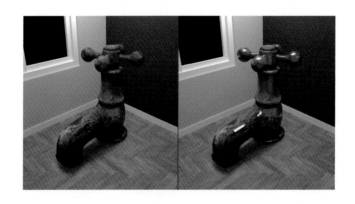

给之前的锈迹材质添加环境映像和高光之后，是不是就有点像陶瓷釉面了呢？

我们在给生锈的水龙头加上光滑质感之后，水龙头的表面变得非常平滑，就像涂上一层很厚的釉面或清漆。如果我们希望它在光滑的同时，表面仍然能被看出"锈迹表面应该有的凹凸起伏"，应该怎么做呢？

答案是根据细微结构处理高光。

对比两图，根据表面细微结构打散高光之后，水龙头表面的釉面看上去变得更薄了。破碎的高光对应了表面的细微起伏。

最后，还记得如何降低材质的光滑度吗 —— 比如绘制类似于磨砂质感或者皮革的材质。

模糊化表现物体的环境映像和高光，使高光的面积加大，并降低高光的亮度 —— 降低光滑度也就是增加了物体表面的凹凸起伏，起伏变多意味着更多的表面可以反射光源进入观察者的眼睛，从视觉上看，也就是高光面积变大了。

（五）金属镜面反射材质

金属镜面反射材质与普通镜面反射材质的区别是，前者对环境的反射在视觉上更直接和明显，后者则仍以材质本身的固有色为主。

Tips：金属是不存在固有色概念的，黄金的"黄色"是材质属性的一部分，并不是黄金的固有色。

按照概括之后的各个典型表面的法线朝向，推理估算出物体表面的环境映像。在绘制水龙头上的环境映像的时候，可以直接使用环境中的物体的颜色：

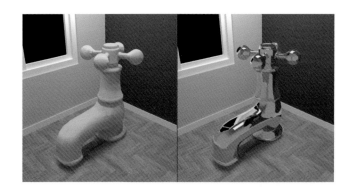

绘制金属镜面反射材质（例如，抛光不锈钢）的技巧——把物体分解为由基本几何体或典型表面的组成的若干小单元，先单独绘制出每个小单元对环境的映射，再处理它们的衔接和小的细节。

那么，像黄金、红铜这类带有颜色的金属应该怎样画呢？

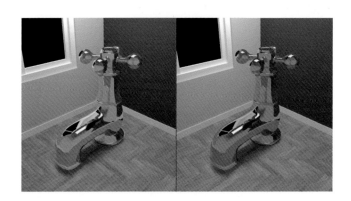

把材质从光面不锈钢变为黄金倒不太难，一个简单实用的技巧是：

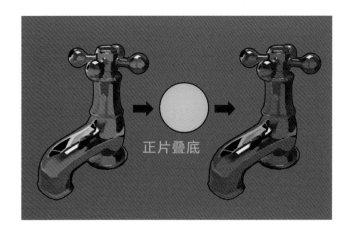

在绘制好的无色金属上，添加一个图层，填充你想要的金属的颜色，例如，黄金就填充黄色，红铜就填充橙红色等。将图层模式设为"正片叠底"，这样无色金属就轻松地变成有色金属了。

当然，你也可以直接绘制有色金属，思路是：

先把无色金属表面的环境映像看成一个材质内部的"映像世界"，把映像世界中的光源色，替换成你所想要的金属的颜色，再用这个色光对映像世界里的环境进行光色渲染，所得到的结果即为有色金属的表面环境映像。例如，想要绘制黄金，就想象用黄色光对无色金属的环境映像做光色渲染。

绘制哑光或磨砂金属，模糊化表现物体的环境映像和高光，使高光面积加大，亮度降低（亮度降低后的高光，更明显地偏向金属的颜色）。需要注意的是，各个单元的衔接处和转折明显的部分，仍然需要卡住结构，不要完全虚化。

（六）普通透明材质

普通透明材质的默写是比较困难的，但如果只是描绘其大致质感，可以跟随以下步骤来做：

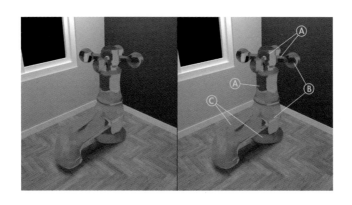

首先，还是将物体简化为若干个小单元，选取环境中的颜色来绘制透明质感的折射效果。例如，上图中 A 部分的结构基本上是圆柱体，背后的环境随着圆柱的曲面做颠倒呈现；B 部分的结构基本上是球体，背后的环境呈"上下颠倒，左右颠倒"的状态；C 部分曲面平缓，可以当作方块看待，基本上透视下方的地面。

添加因表面光滑而出现的高光与环境映像：

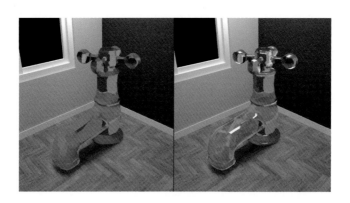

高光和环境映像的位置与普通镜面反射材质相同。区别在于，普通透明材质的环境映像只有在物体边缘处才会清晰可见。

（七）子面散射材质

子面散射材质的刻画重点在于物体的暗部，根据物体材质的厚度估算光线的穿透性。

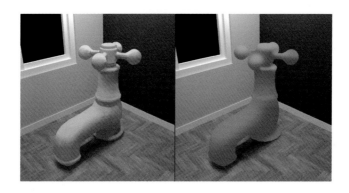

一般而言，刻画子面材质可以使用喷枪这类柔边的笔刷，先按漫反射材质的光影特征大体区分亮暗部。注意，透光度越高，越无须特别强调明暗交界线。

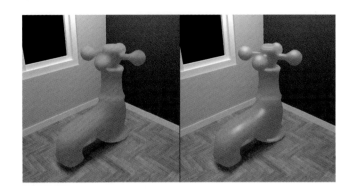

添加高光，子面材质的光滑度是可高可低的。

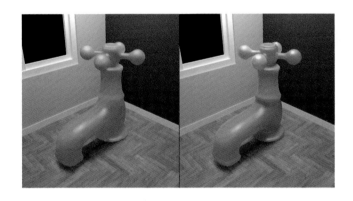

用较高的饱和度刻画闭塞和透光的暗部区域，适当提亮高光，在物体边缘画上模糊的环境反射映像。

（八）材质的混合

质感默写进阶阶段的学习目标——学会创造材质的混合。一旦掌握这个能力，你所能刻画的材质的总数量将会极度扩增，只要有想象力和参考资料，几乎就不会有你画不出来的材质了。

案例 1

　　观察 A、B 两图。A 图是一个极度生锈的水龙头，你在材质表面看不到任何的镜面反射，它是一个典型的漫反射材质；B 图是一个没有锈迹的铸铁水龙头，它基本上是具备较低光滑度的金属镜面反射材质，你可以看到材质表面具有一些模糊高光，以及略强于漫反射材质的环境映像。

　　这是两个单纯的材质，而我准备利用它们来创造一个新的混合材质。

　　我选取了一部分铸铁材质，想要把这部分材质和生锈材质结合在一起。你可以看到我所选择的基本上是高光附近的部分材质，这基于两个原因：第一，金属材质和漫反射材质的区别，很大程度上正是在于高光（光源的映像），混合这部分材质能获得更好的质感对比；第二，物体的转折部分更容易发生磨损，锈迹被磨损之后，底层的铸铁材质便暴露出来了，而高光大概率也会出现在转折部分，因此，这是一个合理的选择。

在 Photoshop 里,你可以分图层配合使用图层蒙版工具来混合和调整这两个材质。最后,做好两个材质的衔接和细节调整,这样我们就得到了一个混合材质。

案例 2

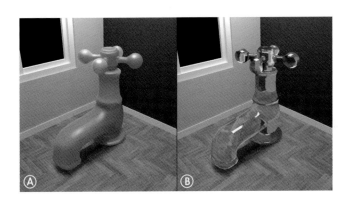

观察 A、B 两图。A 图中的水龙头是类似于磨砂半透明塑料或硅胶的质感,是一个子面散射材质;B 图是典型的普通透明材质,从高光的形状可以看出,材质的表面非常光滑。

接下来,我打算更换材质图案与纹理,并结合 A、B 两者创造一个新的材质。

　　首先，放松地用各种笔刷和颜色绘制一个大致的材质图案。然后仿照子面散射材质的特征，用喷枪这类柔边笔刷，略微提高物体暗部的明度和饱和度——这是子面散射材质"透光"的重要特征。

　　使用涂抹工具消除不必要的杂乱笔触，并使用色相/饱和度工具调整色彩，让色彩更加贴近我的想法。

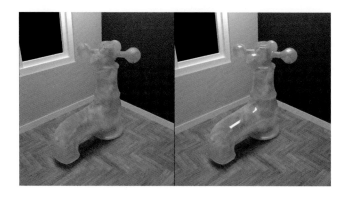

　　添加光滑表面才可能出现的环境映像和锐利的高光。

整理好细节，一个类似玉石的材质就诞生了。

五、质感应用经验总结

正如我在质感章节开篇所说的，我们之所以花费时间精力学习质感表现，一方面，在于掌握质感这个创造构成的工具，可以改善设计质量；另一方面，也可以使画面效果更加可信，从而获得视觉好感。

总之，学习质感是为了能够在创作中运用它提升画面品质，而不仅是满足刻画孤立的物体材质。

那么，如何提高在创作中合理运用质感的能力呢？

（一）在场景中感受材质和质感

如果你想在完整的场景中运用质感，你就必须在完整的场景中感受和理解质感——换句话说，当你想要借助一些照片来帮助自己理解某种材质或质感的时候，最好选择那些更完整的场景图片。

比如：

你想要理解潮湿地面的质感，那么你不应该选择图 A 这样虽然更清晰，但却不完整的参考图片，而应该选择图 B 这样包含完整环境状况的图片。

如你所见，图 B 上能看到可供潮湿地面反射的环境内容。只有这样的参考资料，才有助于你结合环境理解潮湿地面所呈现的环境映像状态。

（二）结合绘画作品和参考照片理解质感表现

介绍一个很有效的质感表现的学习方法：

当我要研究某种材质的时候，我一般都会找一些完成度不高甚至是半成品的绘画作品，用来配合参考照片，作为质感理解和分析的素材。

上图是水城威尼斯的照片，带着微波的水面是一种比较常见的质感。这张图片显然是很

棒的参考素材。不过，不知道你们有没有同感，有时参考图片之所以不太好用，就是因为细节太多了，不容易用作分析。

这种时候，找一些完成度不高的绘画作品和照片结合在一起来看就是一个好主意。

右图是美国画家约翰·辛格·萨金特的水彩习作，恰巧也是画的威尼斯。

对比两幅图片就能发现，绘画作品中的水面更加概括，由于画家表现出了水面的环境映像和因表面起伏而破碎的高光，使材质在简洁的刻画之下却仍然具有"水面"的质感，而这正是我们在刻画质感的过程中可以参考的步骤。

（三）在创作中尝试不同的材质方案

只要有机会，你就应该在自己的创作中去尝试表达各种材质——实际上，这也是唯一能够直接提高质感表现在创作中的应用能力的方法。

我们知道，尝试更好的构成是提升画面品质的有效途径，而质感又是创造构成形式的方法之一。因此，当你感觉画面中的某处不太舒服的时候，可以考虑调整质感，看看是否能够带来转机，例如：

我在画上面这幅作品的过程中，发现图中远处的这个柜子和前面三个角色的构成关系有些不太舒服，显得沉闷，非常不透气。

　　于是，我希望在这个部分加强一些对比，最终我把切入点放在了质感上面：

　　我对柜子的材质做了一些调整——把柜门改成玻璃材质，这样玻璃不但可以镜面反射到明亮的窗子，也可以让人隐约看到柜子里面的物件。

　　表面上，我只是调节了物体的材质，但是通过调节材质获取的环境映像和透视的内容，却完完全全是画面构成元素的一部分，最终我通过调节材质获得了构成上的丰富对比。

　　再看一个例子：

　　在画上图这张作品的时候，一开始我是准备把地面画成偏向于漫反射材质类型的土路。但是画到上图这个阶段的时候，我发现图中的地面部分（尤其是地面的暗部）显得异常乏味，缺乏层次上的对比。

于是我又一次尝试更换了材质：

观察上图，我考虑在土路上铺设一些被磨光的石块拼图——这其实是一种由漫反射材质和普通镜面反射材质穿插并置形成的混合材质。事实上，我确实很满意这个尝试的结果，原来存在视觉遗憾的地面，通过调整材质反而变成了整体中的一个恰到好处的弱对比关系。

通过以上两个案例，你应该能够理解我的意思了：对于创作而言，表达材质并不仅仅为了获得真实可信的观感，它更是一种设计工具，这才是你在创作中不断尝试改变它的原因，而在这种尝试的过程中，你对材质和质感的控制力也将会变得越来越好。

六、PS 笔刷的质感表现技巧（附）

关于质感的表现，CG 绘画初学者普遍存在的一个认知是：

在 CG 绘画里，质感的表现与 Photoshop 笔刷的使用密切相关。或者说，如果不擅长使用 PS 笔刷，那就肯定表现不出到位的质感。

这个认知是正确的吗？

这当然是……完全错误的。

通过之前的学习，我们了解最重要的两类材质（即光滑材质和透明材质）的质感的形成原理，知道了它们的质感主要取决于材质表面对环境的反射或折射。如果你能画对物体表面环境映像的位置和形状的话，无论使用的是何种 PS 笔刷，哪怕只是最简单的圆头笔刷，也一样可以表现出合格的质感。反之，如果没能正确表达环境映像的位置和形状，任何复杂的材质笔刷也帮不了你的忙。

在传统的素描训练里，画家们甚至仅仅使用一支铅笔就可以表达出各种不同的质感了。

这也在侧面证明了，笔刷的应用在质感表现中并不是不可或缺的条件。

事实上，使初学者产生这种错误认知的原因，是因为他们经常看到一些高手总是喜欢使用各种材质笔刷来表现质感，并且做得很好。这使他们误以为秘诀在于笔刷。

那么，为什么一些高手喜欢使用复杂的材质笔刷来表现质感呢？

答案是，为了绘图趣味和效率。

绘图趣味方面很好理解，CG 绘画在表现上具有传统绘画不可及的灵活性。在表现步骤和方法上如此，在工具的应用上也是如此 ——不少画家和设计师总是乐意于通过对不同笔刷的运用来提升绘画体验。

而 PS 笔刷对于质感表现在效率提升方面的作用，就是我们学习它的另一个原因。

(一)PS 笔刷的原理和制作

在学习如何使用 PS 笔刷提升质感表现的效率之前，我们先花点时间对它的原理做些了解。理解了 PS 笔刷的原理，不仅会使你对笔刷的选择和运用变得更有把握，还会让你具备自己制作符合特定需求的笔刷的能力。

1.PS 笔刷的原理

在 Photoshop 这个图像处理软件中，笔刷是通过单个的图形来定义的。

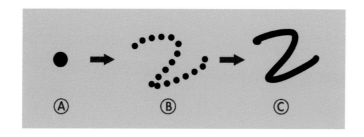

图 C 是 PS 中最简单的圆头笔的笔触。

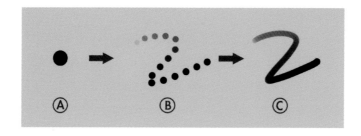

这个笔触是由单个图形 —— 圆形（图 A）随运笔轨迹排列而成的。圆形排列得越密集，其结果就越倾向于一根平滑的"线"（即笔触）。

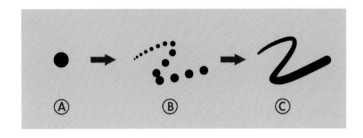

改变轨迹中的圆形的透明度，即形成带有透明属性的笔触。

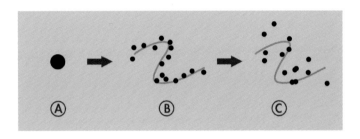

改变轨迹中的圆形的大小，即形成带有粗细变化的笔触。

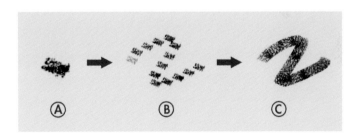

改变轨迹中圆形的散布规律，使其不同程度地偏离原有轨迹，即形成喷枪类笔触效果。

把轨迹中的圆形改变为其他图形，调节其排列或分布规律，即产生各种复杂的材质笔触效果。

总而言之，大部分材质笔刷的形成都基于下面这两个条件：

单个图形的形状；

排列或分布规律（包括大小、疏密、透明度、散布程度等）。

基于对这两个条件的理解，就可以透彻地解析大多数的材质笔刷，我们这就试试看。

上图是一种我在创作中常用的材质笔刷，我们尝试对它进行解析。

首先，你应该可以看出这个笔刷的"单个图形"是一根线；

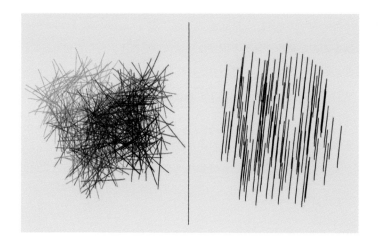

它还具有散布的特征，因为我们从原图笔触中看不出具体的运笔轨迹；

在运笔过程中，单个图形在散布的同时发生了旋转；

而且，还带有透明度上的变化。

你看，一个复杂的材质笔刷是可以被拆解开的，这些单个图形和组成规律的参数变化，就是制作材质笔刷的基本原理。

2.PS 笔刷的制作

接下来，我们通过制作树叶材质笔刷的流程，来进一步了解画笔设置的主要参数和调节技巧。

树叶是绘画中常见的表现对象，在 CG 绘画里，我们可以制作特殊的 PS 材质笔刷来提高树叶的绘制效率。

开始制作笔刷：

（1）在 Photoshop 软件中新建一个空白画布，参考树叶的基本形状，用黑色绘制笔刷的基本图形 —— 即单个叶片的剪影形状。

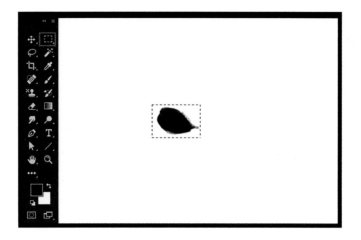

（2）用选区工具（快捷键 M）框选绘制的叶片图形，点击 PS 编辑菜单中的"定义画笔预设"，创建一个预设画笔。

（3）点击 PS 窗口菜单中的"画笔"，就能看到上一步骤中创建的预设画笔了。使用这个画笔在空白画布上绘图，画笔单击画布呈现的效果如上图 A，拖动画笔的绘制效果如上图 B。可以看到，这两个效果与真实的树叶状态是有差距的，我们要参考树叶的形态特征，对笔刷做个调整。

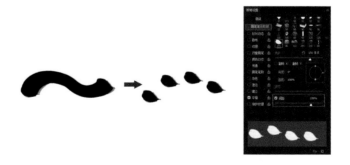

（4）点击 PS 窗口菜单中的"画笔设置"——"画笔笔尖形状"，移动"间距"上的滑块，可以调节笔刷轨迹中单个图形排列的密集度。

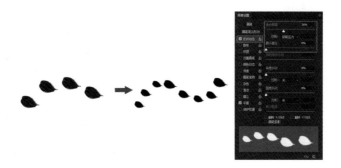

（5）勾选画笔设置中的"形状动态"，

现实中，一个枝条上的树叶是大小不一的，我们可以通过调节"大小抖动"上的滑块，来控制叶片的随机大小变化程度；

在"控制"中选择"钢笔压力"，就可以通过压感笔的力度来控制叶片的大小变化，力度越轻，叶片越小，力度越重，叶片越大；

"最小直径"决定了叶片最小的尺寸。

（6）移动"角度抖动"上的滑块，可以控制叶片的随机角度变化程度。

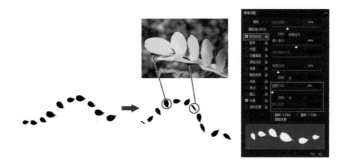

（7）移动"圆度抖动"上的滑块，可以控制叶片的随机圆度变化程度。这样我们就可以通过笔刷模拟叶片朝向不同方向的形态了。

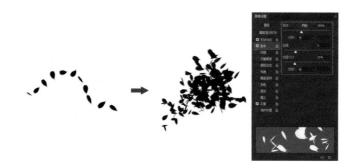

（8）勾选画笔设置中的"散布"，

移动"散布"上的滑块，可以让叶片的分布偏离画笔的运行轨迹；

"数量"上的滑块决定了每一笔中单个图形的数量。数字越大，每一笔中出现的叶片数量越多；

"数量抖动"上的滑块，可以控制随机出现的叶片的数量变化。

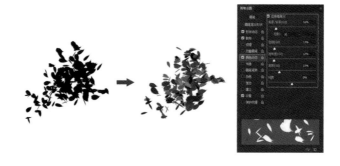

（9）勾选画笔设置中的"颜色动态"，可以使画笔的颜色（包括色相、明度和饱和度）发生随机变化，从而模拟自然界中一些物体表面固有色不均匀的特征。

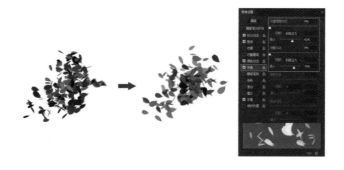

（10）勾选画笔设置中的"传递"，可以控制画笔的透明度和流量变化。

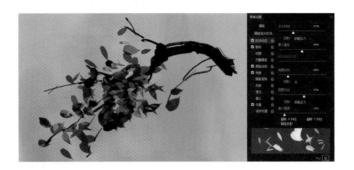

（11）调节好画笔的参数之后，点击"画笔设置"右下角的按钮保存笔刷设置。这样，一支材质笔刷就制作完成了，你可以随时在"画笔"中调用它进行绘画创作。

以上，我简要地介绍了 PS 笔刷的主要参数和调节技巧。画笔设置面板中其他的参数也会对笔刷效果有一定的影响，感兴趣的话请自行尝试。

除了亲自创建笔刷，你还可以从网上下载别人分享的已经调节好的笔刷。选中某个现成的笔刷，然后打开画笔设置，就能看到这个笔刷的参数情况了。

（二）材质笔刷的运用技巧

我个人一直这么认为：与其说是用笔刷表现质感，不如说用笔刷表现肌理。

所谓的肌理，就是物体表面细微的结构起伏。

上图是土壤材质。之所以你能从图片中感受到粗糙的质感，是因为从微观上看，土壤表面存在着细微的结构起伏，这些起伏形成了细小的亮暗部区分以及闭塞区域。

在创作时，我们几乎不可能对这么细小的光影光色变化做出具体的刻画，于是材质笔刷就派上了用场，我们可以用带有"颗粒感＋明度差异"特征的材质笔刷模拟现实材质表面的特定效果。

观察上图，图 A 是普通圆头笔刷平涂的效果，图 B 使用了材质笔刷。

可以看到，图 B（材质笔刷）能更好地模拟出土壤的质感，我们来看看它是怎样做到这一点的。

如上图，图 B 是由两个材质笔刷混合绘制而成的，其中一个模拟了土壤的基础底色（对比弱），另一个模拟了土壤颗粒的亮暗部（对比强）。

通过上面这个案例，你应该就明白了，材质笔刷之所以能够提升质感的表现效率，原因就在于它能暗示肌理的结构起伏。这样的话，要点就很明确了，你要：

感受和捕捉材质表面的细微结构特征；

选择能暗示这些结构特征的材质笔刷来绘图。

来做个演习吧。

如何使用材质笔刷表现上面这个树皮的材质呢？

先分析树皮表面结构：

　　树皮表面呈现的是一种开裂的结构特征，纵向分布的裂纹比较接近于上图所示的形状，具备这种窄细的橄榄核状特征的材质笔刷，就会比较适合用来表现树皮。你也可以根据这个结构特征 DIY 更合适的材质笔刷。

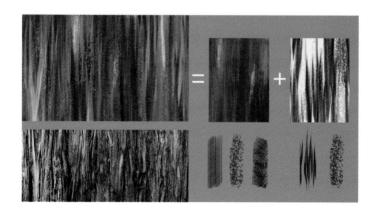

通过混合使用具有树皮特征的材质笔刷，高效地表现树皮质感。

材质笔刷除了能够绘制漫反射材质的亮暗部以及闭塞区域之外，也可以用来高效地绘制某些光滑材质的高光部分。

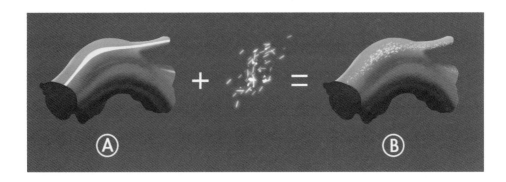

如上图，图 A 是光滑的胶皮管材质，材质表面具有完整的、边缘锐利清晰的高光。

在图 B 中，我用材质笔刷绘制的点状高光替代了完整的高光（其他部分未做任何改动）。你会发现，此时材质表面似乎出现了颗粒状的结构起伏——这当然是因为破碎的高光暗示了细微结构的缘故。

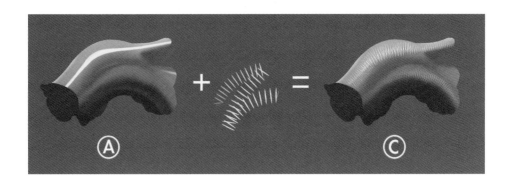

如果使用上图这种短线排列式的笔刷来表现高光，就会得到不同的质感效果。像图 C 中的这种材质看上去具有某种伸缩特性（就像千足虫的身体），这也是高光对细微结构的暗示。

总之，在一些对绘画精度要求不高的质感表现里，我们只需更换高光，就能获得完全不同的质感。这种时候，使用材质笔刷来表现高光部分，可以大大提高绘画效率。

Tips：假如你进行的是高精度的绘画作业，复杂的材质笔刷反而不一定会特别好用。因为材质笔刷提高效率的原因在于能够暗示结构，换句话说——它帮助你绕过了"对细微结构的刻画"这一绘画环节，满足的仅仅是概括或整体观感上的真实质感。从我个人的绘画经验来看，高精度的质感表达，使用普通的圆头笔和喷枪更管用，虽然效率可能会低一些。

第 4 章
内容、构成与构图

虽然"画面内容与构图"在本书中被安排在偏后的部分，但这并不代表它不重要。与之相反，当你决定利用此前学到的所有理论知识，真正着手去画一幅完整的画的时候，你必然会发现它是你遇到的第一个问题 —— 不先确定内容与构图，那些结构、透视、光影、色彩、质感和具体物件的设计都将无所依附。

内容与构图不仅重要，而且还是一个初学者普遍存在诸多疑问，认知上又特别容易出现误区的知识块。

我在早期自学绘画创作的时候，曾经考虑过的下面这些问题：

"什么样的构图才是一个好构图？"

"是先想好该画什么内容，还是先设定一个抽象的构成形式呢？"

"画图找不到想法／灵感怎么办？"

"为什么学过的那些构图形式，例如，三角形、S 形、支点……让我觉得构图越来越雷同和乏味？"

"一开始我应该用什么方法来表现构图呢？线条还是明暗？黑白还是色彩？"

"我可以用辅助手段来创造一个有意思的构图吗？"

如果你曾经或正在纠结这些问题，我将在接下来的篇幅中告诉你一些我个人的想法，这些想法不一定绝对正确和普遍适用，但它们应该能够启发你找到属于你自己的答案。

一、内容、构成与构图的关系

《辞海》是这样定义构图的：

"艺术家为了表现作品的主题思想和美感效果，在一定的空间，安排和处理人、物的关系和位置，把个别或局部的形象组成艺术的整体。"

构图是一个有目的的解决问题的行为，从这个意义上说，构图本身就是一种设计。

在"审美与构成"章节中，我们知道"设计 = 内容 + 构成"，那么，构图也等于"内容 + 构成"。

从这个等式中，我们就可以发现构图与构成的差别了，构图需要考虑内容，而构成只是抽象的对比关系。

于是，你弄不好一个构图的原因就被揭示出来了 —— 要么构成出了问题，要么内容出了问题（或者两者都存在问题）。

我们这就开始顺着这个线索去寻找解决办法。

（一）构成有问题

构成的问题就是抽象对比关系的问题。

例如，图形大小、疏密的分布过于平均，缺乏节奏等。关于抽象对比关系，我在本书第二章"审美与构成"中已经做过较为详细的解析，构成知识在构图上的应用并没有额外的特殊性，因此不再赘述。

（二）内容有问题

很多人会把画不好一幅完整的画的原因，归结为自己的表现能力不够，似乎只要表现能力上去了，无论什么样天马行空的想法都可以落到纸面上，成为一幅成功的作品。

事实并非如此。

实际上，一些人在还未动笔，仅仅处于构思画面内容的阶段，就已经给自己的画作埋下了一颗失败的种子了。

我在自学初期的时候，画了很多不太成功的创作。由于缺乏专业的指导，面对失败的作品我总是会这么想："如果是高手，他们会怎样处理我所构思的这个画面内容呢？"当然，多数时候这么想只会让我走到一个死胡同里去，得不到任何答案。

当我有了足够的创作经验，各方面的素质逐渐完善起来之后，我才意识到，我所提的这个问题本身就存在问题。

我错误地认为：是差劲的表现能力局限了自己的构思。

然而真相往往却是：高手并不会这样构思那些画面内容。

高手能够提前看到"此路不通"，进而选择更有可能成功的画面构思，而不是在不通的路上钻牛角尖。我们必须承认，有一些不成熟的想法，无论用何种表现手法都无法变成一个高品质的画面。

那么，怎样构思画面内容才是可行的呢？

二、构思画面内容的方法

对于想要做一些绘画创作的人来说，倒数第二糟糕的事情是"想法不成熟，不适合表达为一个画面"，最糟糕的事情是"我不知道要画些什么"。

你们当中有不知道要画些什么的人吗？

虽说灵感来源于生活，经历得越多，见识得越多，阅读得越多都有利于你产生绘画的表达欲望。但我要告诉你的是，即便你此前并未留意收集创作灵感，也没有特别想要表现的画面主题——你一样可以通过一些很管用的方法让自己开始一个创作。

是的，当你看了下面的这些内容，你就再也不能使用"不知道要画些什么"这个借口了。

方法非常简单，只需要三个步骤：

· 创造画面的核心内容和基本要素；

· 赋予内容以统一的世界观；

· 联想并拓展出具体的细节。

逐一了解一下吧。

（一）创造画面的核心内容和基本要素

画面的核心内容，可以简单理解为一幅画所描述的主要事件或关系，类似于一部小说的梗概。例如：

上图的核心内容是：杀手刺杀了一个人。

上图的核心内容是：领主接见了一队访客。

上图的核心内容是：侦探与助手在推理案件。

如你所见，尽管画面内容显得十分复杂，但它们的梗概都是异常简单的 —— 注意，梗概不是可以很简单，而是必须要很简单。

初学者容易犯的一个错误是：

总是希望在一个画面中表达过多的故事关系，而且还常会平均地呈现它们。这使整个画面在内容的安排上就缺乏节奏感，后期即便使用各种方法去弥补也难以奏效。

那么，最有效的办法，就是在一开始就把核心内容定死，这样你从头到尾都会很明确自己的画面主要是在说一件什么样的事情，其他的就全都是次要的关系了。

核心内容只需要一句话来描述即可，并且不需要形容词和副词对这句话作任何修饰。

例如：

老师在上课；

士兵在寻找一个东西；

病人正在苏醒过来；

……

这个核心内容完全没有必要"看上去非常有创意"，只要是一件你愿意去表达的再普通不过的事情就 OK，我们可以通过后续的步骤逐渐把它变得鲜活起来。

当你有了一个核心内容，比如说：

"武士和猴子在下棋。"

接下来我们就可以像写一篇文章一样，给这个梗概补充一些基本要素。这些基本要素可以帮助你把思维进一步打开，它们可以是：天气、时间、地点、主要角色、次要角色等。

那么，核心内容就变成了：

"晴朗的午后，武士和猴子在一个禅房里下棋，众多猴子在围观。"

晴朗是天气，午后是时间，地点是禅房，武士和猴子是主要角色，围观的猴子是次要角色。

这些基本要素被列出来之后，你的大脑中慢慢地会出现一些氛围或印象，这些氛围或印象很可能与你过往的视觉经验有关，它们虽然很模糊，却很可能继续萌生出许多的细节出来。

到这里，第一步就算完成了。

（二）赋予内容以统一的世界观

接上一步，当我们构思完画面的核心内容和基本要素之后，虽然可以产生一些模糊的画面感，但这些画面通常并不会十分有趣，原因在于此时的画面构思并不具备特定的故事背景——也就是不具备绘画和设计中的"世界观"。

举一个例子：

"废土风格"科幻电影《疯狂的麦克斯》（Mad Max）的故事背景基于核战争结束、文明尽毁之后的世界。由于文明毁灭，资源匮乏，人性中的贪婪和残酷被放大，环境的样貌，交通工具和装备的造型，角色的穿着打扮都会发生视觉上的明显变化。

环境：

核战争之后，世界上大部分的陆地都荒漠化了，这种几乎寸草不生的荒漠环境能够带来绝望的气氛。

交通工具：

影片中的交通工具看上去有明显的改造特征。一方面，物资匮乏导致了各种材料的混搭和拼凑；另一方面，残酷的竞争也让这个世界观中的人类倾向于把他们的交通工具打扮得更吓人、更有威慑力。

角色：

和交通工具一样，影片中角色的穿戴也同样具有明显的混搭和拼凑感，而且你看不到任何崭新的东西，造型也非常朋克。

这就是世界观设定对视觉形象造成的一系列影响，画面正是因为这些影响，才变得有趣和与众不同了起来。

仍以"武士和猴子在下棋"为例，请跟随下面的文字展开想象：

第二次世界大战中，一个武士和猴子在下棋；

宇宙空间站上，一个武士和猴子在下棋；

处于工业革命的蒸汽时代，一个武士和猴子在下棋；

黑死病蔓延的欧洲中世纪，一个武士和猴子在下棋；

……

是不是每个描述给人的感觉顿时就有了差异？你肯定不会认为按照上面的几种描述所画出来的作品会有任何雷同——除了仍然是武士和猴子在下棋之外。

这就是如何让简单的核心内容变得吸引人的秘诀，你得给你的画面匹配一个统一的世界观。世界观的变化会给任何没有特色的物件带来造型上的特征。在不同世界观下，一张桌子将不再只是一块平面和四个柱体的组合，它代表了某个时代某个地区的文明水平、经济状况和审美偏好。桌子的总体造型和每个细节都将因世界观的影响而具有可信度和生命感。

甚至可以这么说，统一的世界观设定就是使画面开始变得有趣的第一步。

接下来，我们就应该把这些想法给具象化出来了。

（三）联想并拓展出具体的细节

经过上述两个步骤，你应该已经消除了"我不知道该画什么"这样的借口了，可以画的有趣的东西真的非常非常多。

但是，这显然还不够。

目前构思出来的画面之所以还相当模糊，是因为你的构思还未完全具象化，仅仅停留在印象阶段的构思是不足以做出视觉表达的。于是我们才需要这第三步——联想并拓展出具体的细节。

总的来说，这一步的操作就是：结合核心内容、基本要素和世界观，联想推理出可能出现在画面中的具体内容和细节。

如果我们把构成当作一个建筑的设计架构的话，具体内容和细节就是搭建这个建筑所必须的建筑材料。对于完整且有目的的创作行为而言，确保手上的内容和细节能够匹配创作意图是非常重要的一件事，当然，判断是否足以匹配的前提条件是它们足够具象。

推理具体内容和细节的方法是：

推理可能有什么；

想象是什么感觉；

决定是什么样子。

仍以"武士和猴子在下棋"为例，

首先，确定一个世界观。

我希望故事背景基于具有一些魔幻气氛的日本，世界观大致架空在类平安时代的历史时期。

Tips：有些同学可能会感到奇怪，为什么我不完全依靠想象，而要在某个真实存在的历史上进行架空构思世界观呢？

这是因为，人类之所以会对某些造型和设定感兴趣或发生共鸣，本质上是由于它们当中存在着一些与自己过往阅历相关联的东西。譬如，我们在电影中看到的外星人多多少少具备人类或动物的特征，因为在我们的阅历中，只有像人类或动物那样的东西才会具有生命——如果电影中的外星人是一块肥皂的形状的话，它是很难具有造型上的说服力的。

画面总体的世界观也一样，大多数能够自圆其说的世界观都与真实的某个历史时期、地理位置或者文化存在相似之处。例如，好莱坞科幻片《阿凡达》中外星部落的组织架构、生活习性甚至宗教仪式都源自对地球上一些土著部落的研究。

因此，借助真实历史进行世界观的架空创造就不失为一个事半功倍的好办法了。

1. 推理可能有什么

当我们确定"类日本平安时代""魔幻"这样的世界观之后，便可以开始推理在这个世界观下，关于武士和猴子在下棋的画面里可能会出现一些什么东西了。

你可以试着做一些自问自答。

问：双方下棋的空间应该是什么样的？

答：可能是偏向日本平安时代的建筑，至少需要有接近的特征。

问：空间中有什么呢？

答：下棋的棋盘，灯，还有蒲团或坐垫。

问：武士的穿戴，武士携带着什么呢？

答：武士并不希望暴露自己的身份，所以他可能会穿着有兜帽的衣服，还可能戴着一个面具，他应该有一把传统的武士刀。

…………

通过这些问答推理出的物件或装扮并不必然出现在最终的完稿里，它们只是提供给你更多更具象的画面元素，供你下一步的筛选和推敲。

2. 想象是什么感觉

然后，需要动用到你的感受力了，你要判断这些物件应该给人带来什么样的感觉，比如：

环境：双方下棋的空间是一个禅房，应该是给人比较静谧的氛围，有禅的气氛。禅房里的物件应该是古朴而不是华丽崭新的，这样才能让这个禅房看起来具有年代感。

武士：武士应该给人以冷静沉着的感觉，他的装束也许可以略微精致一些，与画面中的其他元素形成对比。

猴子：围观的猴子可能非常调皮，它们会三三两两地分布在房屋各处，而下棋的猴子，我希望它是斯文的，这样它可以与其他的猴子有所区别。

在这个阶段，你可以充分调动你的想象力，尽可能多考虑设计和造型应该给人带来的感受。

3. 决定是什么样子

最后，结合推理出的物件和你想要带给人的感觉，决定物件的具体形象特征。

一个有禅的氛围的、静谧的日本传统建筑的内部可能是什么样的？

建筑是木结构的，刷着哑光的黑色油漆，由于年代久远，油漆应该存在些许的磨损和剥落。窗子糊着略透光的窗户纸，木质窗格显得有些密。空间的上半部分应该有木梁状的结构，这样围观的猴子就有了栖身的位置。

为了突出禅的意味，我还想到了流动的水，地面呈现涟漪图案的细沙碎石。环境较幽暗的部分放着一些带有半透明纸质灯罩的灯。禅房中自然应该有蒲团坐垫，有厚实的木头棋盘和放棋子的容器等。

武士、下棋的猴子和围观的猴子都是什么样的？

下棋的两个角色面对面正襟危坐，武士穿着带点暗花的衣服，皮质刀鞘的武士刀放在身边；猴子缩在蒲团上目不转睛地盯着棋盘，围观的猴子则动态不一地蹲坐在房梁上观望棋局。

到了这个阶段，你应该搞清楚自己所要画的东西具有什么样造型特征、细节和质感。绝对不能还只是大致的感觉，一定要具象化。如果你对自己所画的这个题材或世界观不甚了解的话，这个阶段也正是需要你查阅大量资料把它们搞明白的时候。

说了这么多，来看看我自己按上述步骤推敲出的画面内容所画的线稿草图吧：

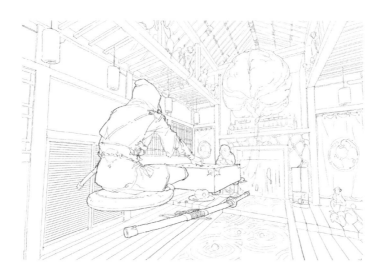

最终，我把对弈的两个角色移到了禅房的空中，我觉得让他们悬浮着下棋会挺有意思；同时我在卜棋的猴子的后上方加了一个巨大的大脑，大脑上有一些串着铜钱的红线连接着猴子，大体的意思就是猴子只是这个大脑运动的傀儡，武士真正的对手是这颗大脑。

这些貌似灵感的想法并非无根之木，在立意初期，我就计划着要让画面的世界观带上一点魔幻的味道，悬浮对弈和连线操控只是初期想法的一个具象化表现而已。

看到这里，你应该对"怎样构思一个画面的内容"心里有底一些了吧？

在实际创作中，你不必把上述这些推理内容的步骤看作牢不可破的铁律，创造画面内容和构图的方法本质上并没有固定模式。我之所以在本章中给出这些技巧或个人经验，目的仅仅是想告诉你我的两个观点：

第一，构思画面内容可以是有方法有步骤的，并非完全依赖于不可捉摸的灵感。

第二，我更希望这些方法可以打消你因为某些原因而逃避创作的借口，比如"我的基础不好""我没有什么知识积累"等（实际上，大部分逃避创作的人的问题可能还是在于懒惰和拖延症）。

有了可靠的内容，就等于有了合格的建筑材料，接下来的问题便是 —— 如何利用这些建筑材料来搭建一个建筑呢？

三、创造构图的技巧

在绘画的学习过程中，我们总会希望自己对某个知识块有更多更深的了解。比如光影推理，你对它了解得越是深刻透彻，就越能够自如地去运用它，从而创造出更好的作品。

但是，构图知识似乎是个例外。

对于构图，你识记的模式越多，好像就越容易受到已有知识的限制，直到你画出的东西看起来都差不多是那几个雷同的布局形式，这个问题曾经困扰了我很长一段时间。

于是我开始思考这样的问题：

我是否可以找到构图更本质的意义，而不再拘泥于固定的构图形式呢？

在构图上遇到困难的时候，又是否有什么辅助方法可以帮助我们打开思路，找到感觉渡过难关呢？

答案是肯定的。

（一）构图形式和原理

大多数经过专业美术训练的人，都是从若干种传闻已久的"形式"开始认知构图的。例如，S 形构图、三角形构图、支点构图等。一些初学者会觉得这些构图形式是好东西，因为它们非常容易派上用场。而另一些具有一定创作经验的人则特别想要摆脱它们，因为墨守形式的结局必然是得到一大堆雷同的构图。

如果你知道这些构图形式有效的原因在哪里的话，抓住这些"有效的原因"你就能够创造很多形式的变化 —— 也就是属于自己的构图了。

下面，我们从最典型的 S 形、L 形、斜线、对称、三角形、放射状和支点构图开始学习起来，我将会告诉你这些构图的有效性和目的性在哪里，请一定要记住，这些有效性和目的性比这些构图形式本身要重要得多。

1.S 形构图

S 形构图的特征是：

抽象构成中的曲线元素穿插或贯穿了画面的主要内容，或者画面的主要内容（可以看作一个一个的点）以曲线的路径进行编排和布置。

例如：

上图中的道路是以曲线的方式出现的；

上图中石块的分布路径具有曲线特征。

你还可以从许多绘画和设计作品中发现 S 形的曲线（也可以是 C 形），它们这么做的原因或目的到底是什么呢？

S 形构图的目的有两个：

利用曲线使观众的注意力更长时间地停留在画面里。

对比 A、B 两图，A 图中的曲线可以让你更迂回、更长时间地感受画面，B 图则一览无余。

引导观众看图时的观察顺序。

由于构成上的线具有引导视线的功能，当曲线出现时，观众的注意力就会跟随曲线在画面的各个位置进行有规律的位移，从而按照你的引导有秩序有节奏地观察画面内容。

2.L 形构图

L 形构图的特征是：

画面中的主要元素呈现为一个大致纵横相交的构成状态。

上图中的灯塔和视平线构成了一个 L 形的构图；

法国画家克劳德·莫奈（Claude Monet）的这幅作品中，耸立的树与视平线也构成了 L 形的构图。

L 形构图的目的是：

使画面中两个具备线的特征的元素发生相交，相交形成的交点可以产生聚焦（吸引注意力）的功能。

L 形构图经常会配合九宫格进行设置：

　　如上图，九宫格就是用直线对画面横竖各分三等，线条相交的四个交点附近的区域，比较适合设置为 L 形构图中的交点位置。这么做的原因是，如果交点区域太靠近画面边缘，容易使画面在视觉分量上失衡（交点位置一般具有较重的视觉分量）；如果交点区域太靠近画面中心，又会使画面两侧过于平均而缺乏趣味。

3. 斜线构图

斜线构图的特征是：

画面中的主要趋势线呈现为非水平的倾斜状态。

上图中，雪山在画面中的状态是倾斜的。

趋势线就是我们凭直觉观察画面，所感受到的整体的线性引导状态。

斜线构图的目的是：

调整趋势线的角度，使之发生倾斜，从而获得画面的动感或不稳定感。

对比 A、B 两图，A 图的趋势线偏向于水平，B 图的趋势线是倾斜的，你会发现 B 图的动感和不稳定感显得要强烈很多。

这是因为，在我们的视觉经验里，倾斜的表面总会给人以"东西在上面放不稳，容易滚落"的印象，这种印象代入构图中去的时候，倾斜的动势线就容易产生比水平动势线更多的灵活的感觉。

4. 对称构图

对称构图的特征是：

画面左右或上下呈现镜像状态，内容相同或基本一致。

上图中，火车站的左右两边以过道为中线呈对称分布。

对称构图的目的是：

通过镜像物体或物体的局部，给画面创造出新的图形规律，从而获得某种仪式感或趣味性。

在上图这个视角下，岸上的物体与湖里的倒影呈镜像状态，也是一种对称构图。

画面主体（树）的轮廓接近于半圆形，在水面的镜像作用下，从抽象角度来看，画面中似乎出现了一个正圆，画面因对称而变得有趣了。

5. 三角形构图

三角形构图的特征是：

画面的主体内容呈现为中部略高，两边略低的偏三角形的形态。

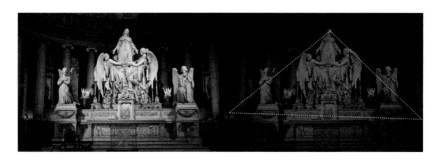

雕像群的整体轮廓偏向于三角形；

静物的布置也具有三角形的构图特征。

三角形构图的目的是：

通过将画面主体内容安排为大致三角形的布局特征，获得一种稳定和扎实的画面感受。

在人类的视觉经验中，上小下大的结构更具备稳定性，类似于上图中的山和石子堆。这种认知很容易被代入对抽象形状的感受中去，因此在构图的时候，偏向三角形的构图容易给人稳定扎实的感觉。

6. 放射状构图

放射状构图的特征是：

画面主体内容呈现为以某一个点为中心作放射状安排的形态。

带有放射构图特征的街景；

仰视状态的楼宇也形成了一个放射状构图。

放射状构图的目的是：

通过放射状线条的引导，使观众的注意力集中于一处；同时，放射状构图也有强化空间感的作用。

放射状构图大多数与透视中的放射状平行线以及消失点有关，因此，很容易强化出具有强烈透视感的空间。在这种构图里面，作者希望引人注目的内容通常都会被放置在消失点（即放射线的会聚点）上，此时的放射线就成了指向性很强的线条，全部都指向那个重要的点了。

7. 支点构图

支点构图的特征是：

通过在画面不同位置放置"视觉分量"相当，但内容或数量又并不相同的元素，获取画面构图的均衡感和变化感。

上面这幅约翰·辛格·萨金特的作品中，A 与 B 就是"视觉分量相当，但又并不相同"的元素。

A 面积大，但对比稍弱；B 面积小，但给了一个强对比的衬托 —— 在视觉上，两者的分量是基本相当的，作者把它放置在画面两侧，依然保持了构图的均衡，但又不失灵活感（因为两者并不相同）。

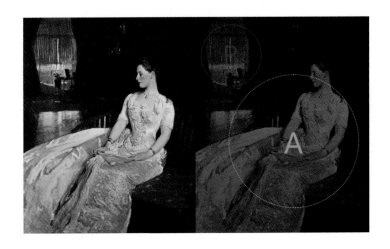

上面这幅约翰·辛格·萨金特的作品中，A 面积大，但饱和度略低；B 面积小，但饱和度很高，两者视觉分量相当，画面构图得以保持了平衡。

上面这幅安德斯·佐恩的作品中，近景 A 的面积较大，那么在另一侧放置若干个面积较小的 B，也能取得视觉上的平衡。

支点构图的目的是：

"支点"的本意是在非对称的情况下创造视觉平衡，其原理与秤是一样的：

秤两边托盘中的物体并不相同，但只要它们的重量相当，就可以保持平衡。

视觉也是同理，如果画面左边的元素视觉分量太重，你就应该考虑给右边的元素做一些调整，增加其视觉分量，以求画面的均衡和稳定。

（二）构图的工具

在分析完 S 形、L 形、斜线、对称、三角形、放射状和支点构图之后，我们知晓了构图形式之所以有用，本质上在于它们各有功能，是这些功能使我们构图的成功率变得更高。从这个角度而言，把构图形式看作一种带有功能的工具，比把它们看作固定的模式会更好。

汇总一下，构图工具的功能：

引导观众的视线 ——S形构图、放射状构图；

增加动感、产生不稳定感 ——斜线构图；

提升稳定感 ——三角形构图；

强调重点 ——L形构图、放射状构图；

增加形式感和趣味性 ——对称构图；

平衡画面，产生变化感 ——支点构图。

既然我们有了能够产生这些功能的构图工具，在创作中构图的时候，便可以不再被它们当中的任何一个所约束。你可以抛开这些形式，仅用这些功能或功能的组合来创造自己的构图。

举两个例子：

对上图的分析中，既可以看到主体物被囊括在三角形中（三角形构图），也可以看到支点构图的痕迹；

这幅图中既有斜线构图的意思，也有 S 形（图中为 C 形）的构图特征。

然而，我并没有在初期特别计划一定要用到哪一个构图形式。

我只是在绘制草图时，结合画面具体内容设想这幅画最终可能带给人的感觉（比如气氛等等），当我发现某些构图工具可以使用并能增强效果，那我就试着用到画面上去 —— 往往一个构图都是在尝试中产生的，理论知识可以在尝试中帮助我把构图变得更好，仅此而已。

那么问题来了：

在我们绘制草图，找到构图感觉的过程中，有没有什么靠谱的思维和技巧呢？

（三）构图的思考方向和操作技巧

构图和构成的唯一区别，就在于构图包含了具体的、有意义的画面内容。这就导致了我们在看待两者时的评价标准有所不同。

例如：

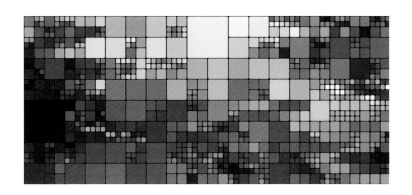

上图是一个典型的抽象构成图案，你从图中可以感受到"好看"或"不好看"的区别吗？可以。如果你要评价这个构成的质量，依据的标准只能是抽象对比关系弄得好不好。

但在构图中却并非如此，除了抽象对比关系的评价标尺之外，更重要的标尺是 —— 抽象对比关系是否与具体内容（或故事）达成了完美的匹配。

看一个反面案例：

这是我画的一张构图上出现了问题的作品。

从构成上看，这张图还是 OK 的，疏密大小这类对比关系也得到了安排。你应该也能看出一些构图形式（比如，放射状构图和支点构图的特征）。但是，这幅画的构图却是失败的。

凭借直觉观察画面，你会发现你的视线在近景，即画面左侧的主体上游移了一段时间后，最终视线会落在远处的那个炉灶上 —— 但是炉灶在这个画面中并不是什么重要的事物，而它却抢了观众的眼球，这就是不对的。

如果把炉灶换成一个与主角有关的角色（比如领着一群士兵包围了主角的领主），也许完全不改动构成，它也会变成一个成功的构图了。

这么看来，仅仅构成上不出错误还不够，你还得保证内容与之相匹配。

那么，所谓的构图的思考方向，无非也就是通过一些方法，寻找和确定"构成"和"内容"之间的和谐关系罢了。

一般来说，考虑构图的时候可以有两种思考方向，它们是：

由内容到构成，即根据已有的内容匹配合适的构成形式；

由构成到内容，即根据已有的构成形式匹配合适的内容。

接下来，我将要对这两种构图的思考方向，以及它们分别适用的辅助操作技巧做些解析。

1. 由内容到构成

根据已有的内容匹配合适的构成形式 —— 在个人创作和商业美术项目中，我们经常不得不选择"由内容到构成"的构图思考方向。因为多数时候，你总是在已经有了一个创作灵感（这个灵感一般是创作主题）或者被委托了一个明确的策划文案（设计需求）之后，才开始你的绘画工作的。这也是比较传统的构图思考方向。

这种构图思考方向的优点是：

由于你已经知道自己将要画的是什么，你的创作目的会变得特别明确，这将有利于你判断自己的构图究竟是不是符合内容的表现需要。

请看下面的一段文字（内容）：

"最终，教授的藏身之处还是被发现了，一个陈旧的、凌乱堆积着生活垃圾和研究资料的地下研究所。在这个狭窄潮湿的空间里，警卫队长和他的机械仿生助理 DR-3 对倚靠在椅子上的教授宣读了来自地球联邦的逮捕令 —— 教授将因私自开发非公版的仿生人操作系统而被捕。"

我们来看看应该怎样基于这段文字，给内容匹配上合适的构成并形成一个构图吧。

（1）展开内容与构成元素的交叉联想

假设上面这段文字是我们所要创作的内容，你应该要意识到，文字中暗藏着的诸多信息，正是画面抽象构成元素的具象化体现，例如：

世界观：从"研究所""机械仿生助理"和"仿生人操作系统"这些词句中，可以判断画面故事处于一个典型的赛博朋克的世界观之下。

角色：教授、警卫队长、机械仿生助理 DR-3，或许还有其他随从人员，这些角色中的一部分肯定是画面信息的主体。因此，根据构成理论中"点的功能是聚焦"的概念，主体角色在构图中肯定会作为"点"而被某些"面"所衬托，也很可能有一些"线"元素将会引导观众的视线关注到它们 —— 这样我们就把内容与构成元素联系起来了。

于是，接下来我们就应该从已有的文案内容中选定可以被作为线或面的物件。

环境："陈旧的、凌乱堆砌着生活垃圾和研究资料的地下研究所"，这个描述不仅点明了画面中应该会存在的物件，也指出了这些物件被作为抽象构成中的线或面的可能性。

Tips：交叉联想内容与构成元素，实质上是一个探索可能性的过程。在这个过程中，你会发现自己大脑里可能出现许多不一定特别完整的画面。拿主体的衬托关系来说：

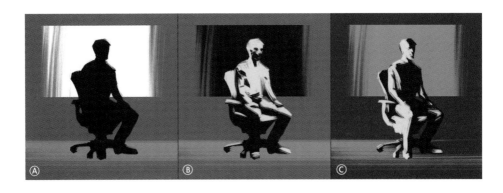

结合本书"黑白分阶"章节中的知识，我的大脑里出现了上面三种图底衬托关系。从信息的传达上看，图 A、B、C 都是没有问题的，三张图都传达出了"坐着的教授"这一视觉信息。但是，当我们把图中黑白灰的构成元素替换成具体内容的时候，却会出现不同的可能性：

图 A，教授背后的白色块可能是研究所里的屏幕，教授处在逆光状态中；

图 B，教授背后的黑色块是窗外的夜景，教授则被来自天花板上的灯光照射着；

图 C，教授背后的灰色块是墙面上的一张地图，教授被左边远处的手电筒照着，正面隐藏在暗部中。

首先，你也可以联想出许多关于线的引导的内容。画面中的线可以是研究所里的线缆，也可以是地面或天花板上材质的分割线，也可以是具有指向性的武器等，总之，只要是内容合理，又具备线的引导功能的方案，都可以列为备选。

其次，由于文案描述的研究所里"堆砌着生活垃圾和研究资料"，这些琐碎的物体也可以充当画面抽象构成中次要的点、线、面，帮助组织画面的主次关系。

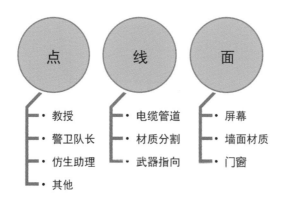

像这样的联想越多，就越容易找到合适的构成与内容的交叉点。我非常建议你在做这些联想的时候，随手把这些图像片段以草图的方式给画下来。虽然这些想法不一定都特别成熟，但是在它们中间出现一个理想方案的概率，比没头没脑地瞎画还是要大得多了。

（2）给方案匹配空间透视

对于写实绘画来说，你在构图中是无法回避空间透视问题的。

在大致想明白画面内容与构成元素的结合方案之后，你要做的第一件事就是确定空间透视，这样才能尽快把方案转化为足以评价质量的构图。

构图中的空间透视，需要明确两个问题：一个是应该把摄像机的位置定在哪里？另一个是应该选用什么样的镜头来表现画面内容？

①摄像机的位置

构图中摄像机的位置，等同于观众眼睛相对于画面内容所处的位置。它的重点在于确定视平线的高度。

在本书的"结构与透视"章节中，我们已经学习了透视的基础理论知识，知道了视平线的高度决定了画面的整体观感将偏向仰视、平视或俯视中的哪一个。

结合画面内容的话，构图对视平线的位置将会有更多的要求，如何使视平线的设置符合特定的构图需求这是一个值得思考的问题。

首先，在构图中，所谓的"视平线的高度"是相对于画面中的主体物而言的，并不是一个绝对值。例如：

观察 A、B 两图，这两张图的主体物都是自由女神像。在 A 图中，相对于雕像来说，视平线的位置很低，于是画面给人以仰视的感觉；在 B 图中，虽然视平线的位置高于地面上大部分的物体，但由于视平线基本与雕像（中段）高度基本接近，所以它更偏向于平视图而非俯视图。

其次，当你打算将画面确定为仰视、平视或俯视状态之前，请务必先确定你画面中所要表达的主体究竟是什么，视平线是基于画面的主体物来设置的。

我根据上一小节中的那段文字（p249）画了一个草图，在我的计划中，教授是画面的主体，那么视平线高于教授，画面就会带来俯视的效果；低于教授就会带来仰视的感觉，我最终选择的是平视状态，视平线位于教授躯干附近的高度：

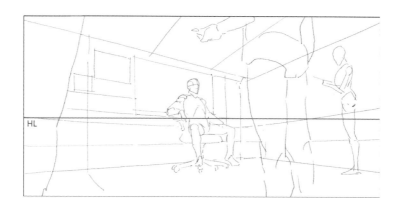

Tips：创造构图的时候，俯视、平视和仰视的选择有什么讲究吗？还是随便选择一个就好？

如果只是描述物体在透视空间中的状态，选择俯视、平视或仰视当然是无所谓的，毕竟摄像机可以被主观地放置在任何位置。

但是，在有故事内容的构图里，摄像机的位置可能影响观众对于画面的感受。

视平线较高的俯视图，由于画面中的物体较少出现互相遮挡的情况，物体的分布可以被看得很明白。因此，俯视图会给人一种"尽在掌握"的感觉，容易使观众对画面产生控制欲。

一般来说，如果你希望完整描述画面中各个物体的相对位置关系的话（大场景中很常见），可以考虑使用俯视图。

视平线与主体物的高度基本相当的平视图，通常给观众产生的情感波动不会特别大。不过，如果画面的主体物是生物（人或动物），而视平线的位置恰好处在生物眼睛的高度的时候，容易让观众产生一种融入其中的感觉，因为此时观众所看到的景物与画面世界中的生物所看到的是一样的。

　　视平线较低的仰视图，由于大部分次要的画面元素因互相遮挡而不能得到完整显示，使观众的注意力集中在主体物上面，而且人类对于必须仰望的东西容易产生崇高的感受。因此，仰视图容易给观众一种"被控制"的压迫感。

　　当然，你在具体创作时没必要认为这些特征是不可违逆的，比如有些俯视图一样可以让人感到伟大和崇高（如图所示），上述内容应该仅作为构思画面时的参考。

　　由于主体物和环境的特殊性（基督像和崇山峻岭，都是容易调动观众感情的事物），虽然画面本身偏向俯视图特征，却依然表现出了伟大和崇高的画面气氛。

②镜头的选择

Tips：这里所说的镜头是摄像机或照相机的光学部件，而不是指影视作品中承载影像的分镜头，两者的意义是不同的。

绘画创作中，关于镜头的选择是指模拟现实中某个参数的镜头，对画面内容做出某个视角的表现。

在"结构与透视"章节中，我说到人类眼睛的视角大致是60°（基本无畸变的情况），但在绘画表现的时候，我们完全可以使用更大的视角以表现环境中更多的事物。

下面，我在设计辅助软件 SketchUp 里放置一些方块，用来指代现实中的物件，我们来看看镜头参数或视角的变化，究竟能给画面带来何种不同的视觉观感。

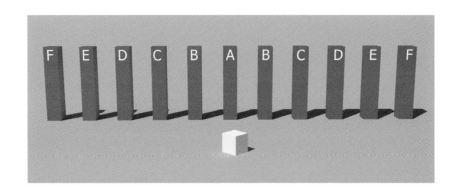

如上图，我在场景中放置了一个白色方块和若干个编了号的红色方块。你可以把白色方块当作你的画面中的主体物，把红色方块当作环境中的其他物件，然后我将分别设置30°、60°、90°视角的镜头，请对比观察场景的变化。

30°视角：

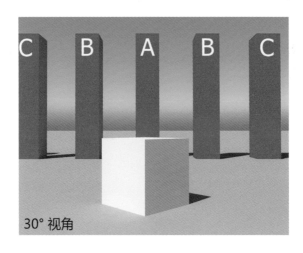

60°视角：

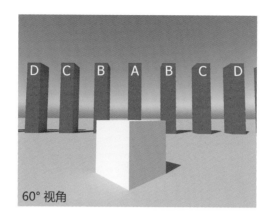

90°视角：

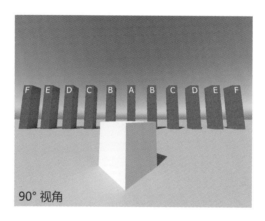

通过对比可以发现，在前景主体物大小基本相当的情况下：

视角越大，远处环境中可以被纳入画面中的内容越多，同等距离的物体在画面中显得越小；

视角越大，靠近画面边缘的内容越容易发生镜头畸变，例如，90°视角镜头中靠近画面边缘的物体出现了明显的倾斜现象。

如果你把方块的透视线给画出来，你就会发现视角不同的时候，消失点的距离也不一样了：

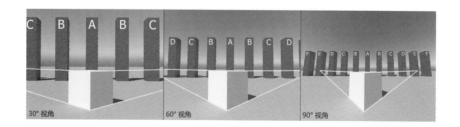

同样的方块，镜头的视角越大，消失点的距离就越近。

下图就是一个典型的大视角的镜头（也就是广角镜头）：

从图中可以看到，远处的景物被大量地纳入了画面中，现实中大小相同的奶牛，距离镜头稍远就迅速发生了透视缩短。

在创作的时候，如果你希望画面具有更广阔的视觉感受，包含更多的远景内容，就可以考虑使用大视角的镜头来表现画面的透视关系（即把两个消失点定得稍近一些）。假如画的是自然环境，不好拉透视线的话，把远处的东西缩得更小一些表现出来，也能很直观地产生大透视的效果。

当然，你也可以使用3D辅助软件来帮助自己建立透视框架并设置合适的镜头，我个人比较常用的是 SketchUp，在软件中按 Z 键，然后输入镜头角度的数字，回车即可更改镜头参数。

这是我利用 SketchUp 辅助透视框架、设置镜头之后画的一幅画。

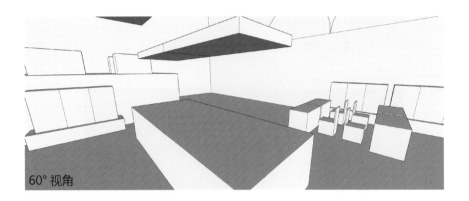

这幅图使用的是上图所示的 60° 视角的镜头。

对比一下 35° 视角和 90° 视角的镜头：

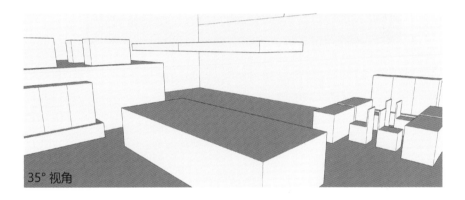

35° 视角的镜头无法完整地显示画面的所有内容。

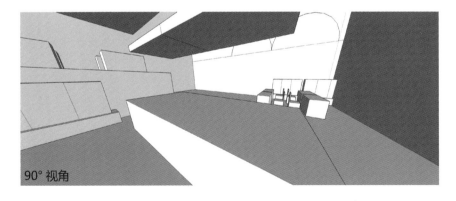

90° 视角的镜头畸变得又太严重了。

因此，根据实际内容选择合适的镜头才是正确的做法，认为镜头越大越好是一种谬误。

Tips：使用大视角的镜头时，如何避免过分夸张的畸变？

理论上，使用大视角的镜头，发生透视畸变是不可避免的，如果非要把畸变的部分画得完全正常（也就是主观混合多种透视系统在一个画面上），又会显得有些假，那怎么办好呢？

一般来讲，假如畸变的部分是自然环境，例如，山石树木等等，其实不太要紧，见下图：

上图中画面两边的树其实是存在透视畸变的。但是，由于山石树木这类东西的造型比较不规则，因此即便发生了变形，也不太看得出来，即便看出来了，也不会让人特别难以接受。

上图中画面两边的建筑和人物都发生了透视畸变，建筑其实还好，人物就畸变得似乎有点夸张了。

所以，当我们使用大视角的镜头，并希望畸变保持在能让人接受的程度以下的时候，重点在于处理好画面中生物（人或动物）出现的夸张畸变。

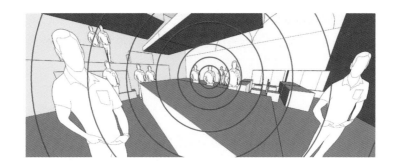

观察上图，你会发现越是靠近同心圆外侧的角色，发生的透视畸变越严重，处于偏向中心的角色则基本不发生透视畸变。根据这一现象，我们可以推出两条应对策略：

如果使用了大视角的镜头，尽量不让角色出现在画面的边缘处；

如果角色必须出现在画面的边缘，考虑使用视角略小一些的镜头。

（3）调整内容与构成，使构图变得更协调

经过之前的两个步骤，你应该已经可以大致把自己的想法画成下面这样的草图了：

草图尽管非常简陋，但至少应该做好以下两点：

已经考虑清楚基本的图底衬托关系，以及引导观众视线的方法；

已经确定好摄像机或视平线的位置，并且使用了合适的角度的镜头。

接着就可以想办法完善这个构图，并把它画成初稿了。

目前的构图还看不出什么趣味性，原因在于：

一方面，设定的世界观在这个画面中表现得还不够充分，还有很多故事中应该出现的物件是没有画上去的；另一方面，当前的抽象构成还非常单薄，缺乏更多构成元素的对比。

这两个问题我们要同时去解决，符合世界观的具体内容为抽象元素，把画面的抽象对比关系做得协调和丰富。

这个阶段是比较重要也比较有趣的，需要你不停地在内容与构成上来回游离和调整，内容可以来自你查阅的参考资料或以往的知识积累，构成就根据本书在"审美与构成"章节中提到的抽象对比形式来编排，难点在于你得同时考虑这两者。

　　一般我会新建一个图层，在图层上随意勾画一些形状不那么明确的线条（如上图所示）。勾画这些线条的时候，我会顺带着想一想它可能会是什么东西，这个东西能不能融入这个世界观里面，如果可以，我就会留着它。

　　在这个阶段，你也可以考虑使用一些此前介绍的技巧（例如，S形或支点等技巧）来强化构图形式。等到这些形状让画面变得比较丰富的时候，再根据抽象对比在层级上的主次关系进行一些取舍，确定一个大致的设计方向。

　　接下来就简单了，结合参考资料，把形状不明确，结构不严谨的东西逐一画得周正起来，完成下面这样的构图初稿：

最终的完成图是下图这样的：

以上，我比较详细地介绍了"如何根据已有的内容匹配合适的构成形式"的构图方法，这是最为常见的构图方法之一。接下来，我要介绍另一种更加灵活多变的构图思路，也就是由构成到内容的构图方法。

2. 由构成到内容

根据已有的构成形式匹配合适的内容——这个说法听上去有些奇怪对不对？如果我们没有完全想清楚自己究竟要画什么，也可以开始构图吗？

是的。所谓"由构成到内容"的构图思路大致有两类情况：

一类是事先完全没有关于创作内容的想法，直接从构成开始做起，根据抽象构成的形状，产生联想，然后匹配一个适合的内容给这个构成；

另一类是仅仅有简单的创作想法，比如，想画个英雄在悬崖上与怪物战斗的场面，但却并不按上一小节中描述的那样去逐步推理具体的内容，而是以抽象构成为优先的构图创作思路。

这种构图思考方向的优点是：

由于构图是从抽象构成优先开始执行的，只要这个构成是新鲜的，构图也就会是新鲜的。换句话说就是，这种思路更有利于打破以往构图的思维定式，创造出在构成上明显不一样的作品。

（1）构成形式的可能性

见下页两张图片：

　　我用黑白分阶的方式画了两个潦草的构图。可以看到，图 A 表达的是一些飞行器在天空中追击的感觉；图 B 表达的是一些船行驶在一个水寨的水面上。

　　画面内容虽然完全不同，但其实它俩的构成形式却是很接近的，对它们简化概括一下：

它们在黑白灰构成上的差别，仅仅在于把背景的黑白色阶互换了一下。

要是用线条来表现，它们就完全相同了。

这说明了什么呢？

这说明一个抽象构成中的元素，可以被置换为不同的具体内容。只要构成本身好看，内容又合理，那么画面的构图就会是成立的。也正因为如此，"由构成到内容"的这种构图思路才可能具备现实意义。

那么，问题就来了：

如何创造出一个合适的构成图案呢？

（2）创造符合条件的构成图案

如标题所言，我们需要创造的是符合条件的构成图案，而不是随随便便的一个构成图案。

在构图中创造的构成图案需要符合什么条件呢？

答案是：

创造的构成图案应该有利于具体内容的置换。或者说，当我们看到它的时候，更容易引起关于具体内容的联想。是的，不同特征的抽象构成图案所能引发联想的难易程度是不同的——有些图案更容易引发联想，有些则不是。

在生活中，你看到什么样的抽象图案的时候，会更容易产生与之毫不相关的具体内容的联想呢？

观察图 A、图 B 中云和齿轮的轮廓，把它们当作抽象构成中的线条，你从哪张图的轮廓上更能产生内容的联想呢？

观察图 A、图 B 中木头和大楼的表面，把它们看作抽象构成中"块"的组合或疏密关系的安排，你从哪张图中更能产生内容的联想呢？

答案应该都是图 A，对吧。

联系到我们在"审美与构成"章节中学习过的抽象对比的基本形式，你就会发现，两组图中的图 A，都属于带噪波的非线性分布状态；两组图中的图 B，都属于平均分布状态。我们只有以前者的方式才能创造出更易于产生内容联想的抽象图案。

①绘制抽象图案的要诀

简单地说，要使画出的抽象图案变得易于产生内容联想，最重要的一点就是——拉开图案中单个基本元素的对比关系（也就是使图案的构成偏向于带噪声的非线性分布状态），例如，曲线：

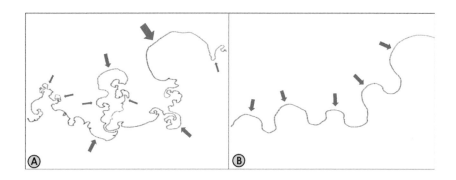

曲线的基本元素是一个一个的弧线。图案中的弧线应该像图 A 那样，要有大小弧度的组合；不应该像图 B 那样起伏平均。

折线：

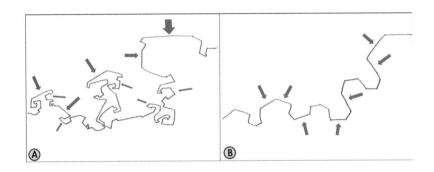

折线的基本元素是线段。图案中的线段应该像图 A 那样，要有长短的组合；不应该像图 B 那样距离相当。

分割：

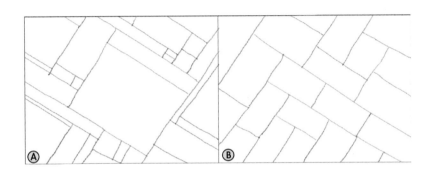

上图分割的基本元素是矩形。图案中分割完成的矩形应该像图 A 那样，要有不同大小面积、不同长宽比的矩形的组合；不应该像图 B 那样面积和形状过于接近。

块的分布：

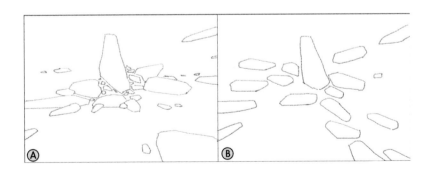

块的分布也同理，应该像图 A 那样，要有疏密及形状上的对比；不应该像图 B 那样距离相当、形状接近。

Tips：以上这些对比关系，会使你画出的图案具备更好的内容联想空间。

另外，优秀构图的特征，也在于画面节奏感被体现得很好。而节奏感本就源自抽象对比。这也是我们在创造抽象图案时，刻意使图案呈现更多对比关系的原因之一。

请注意，对比形式远远不止以上介绍的这几种。严格意义上说，只要是视觉上的抽象对比，都是可以被当作启发内容联想的"引子"的，例如，黑白调子和各种色块的组合都可以被囊括在内。

②借助二维软件创造抽象图案

得益于 CG 灵活多变的绘画方式，当你绞尽脑汁也画不出新鲜有趣的抽象构成图案的时候，可以考虑借助绘图软件的一些特殊功能，来创造随机性的图案。通过对图案的调整和修改，最终把它变成一个适合置换内容的构图引子。

我通常使用的是 Photoshop，这个强大的图像处理软件提供的图层中的相关功能，在创造随机图案方面很能派上用场，看下面的例子：

在 Photoshop 中创建一个画布，填充一个底色；

随意地在画布上画一些抽象图案，这些图案不需要像什么，只要是图案就行，过程中记得调整笔刷的大小——这也是为了后面能创造出更多的对比。

　　新建一个图层，更改图层属性（我这里把图层属性改为"叠加"，你也可以试试其他的），然后更换笔刷，还是随意地画上一些图案。此时你会发现，由于图层属性变化了的缘故，上下图层发生了一些透叠和混合，这正是我们所需要的。

　　多次重复上述步骤：新建图层—更改图层属性—变化笔刷类型和尺寸—绘制抽象形状。注意，你所选择的笔刷最好是那种边缘清晰锐利一些的，这样画面不容易糊成一块。当你觉得画布上的抽象图案看起来抽象对比比较丰富的时候，就可以停下来了，合并所有的图层。

使用矩形选框工具，套取画面中你觉得有趣和看上去有机会变成构图的部分，把它复制到另一个画布上去。从中我们可以获得很多有潜力的抽象图案——重点在于，你要锻炼出能够感知抽象审美的眼睛和善于联想的大脑。

通过这种方法，我得到了很多看起来有意思的抽象图案。你应该能从上面这些图案中，隐隐约约看到或联想到一些具体的内容吧？比如，有些线条看起来像植物，有些色块像山石或洞穴等。

我选出了上面这个抽象图案，在稍后的章节中，我会想办法把它拓展为一个有故事有内容的构图，你也可以试着基于它做一个属于你自己的内容联想。

③借助三维软件创造抽象图案

除了使用 Photoshop 这类二维软件之外，你还可以利用三维软件来创造抽象图案。

三维软件所独有的优势是 —— 创造出来的抽象图案（抽象结构）很多时候已经具备了可用的结构和空间透视，对后续创作会带来很大的便利性。

下面，我使用 SketchUp 来辅助产生一些构图的灵感：

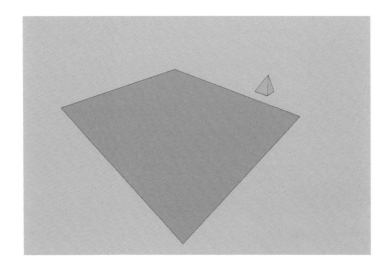

在 SketchUp 中创建一个平面和一个方锥体。

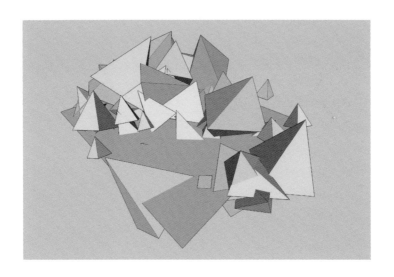

我使用了一个 SketchUp 的插件（SUAPP）中的 "生成集群" 功能，以方锥体为构成元素，设置好它在平面上的密集度和大小随机抖动参数之后，就生成了上面这样的随机结构。

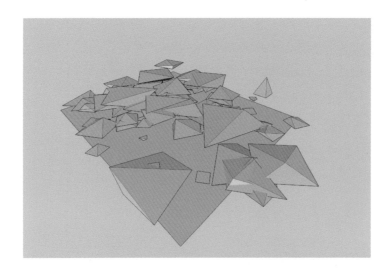

我用缩放工具把这些方锥体给压扁了。此时我并没有什么特别明确的设计目的，可以说仅仅是在做一些可能性上的尝试。

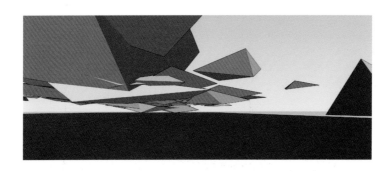

调整摄像机的位置和镜头参数，找到自己认为有趣的角度。有趣并不是一个死标准，但个人建议选择抽象对比拉得开的角度来表现。假如抽象结构和镜头都把握得不错，此时的画面应该已经能够给你带来一些内容上的联想了。

以上，我分别介绍了直接绘制以及借助二维、三维软件创造抽象图案的一些技巧。对于辅助软件而言，可供使用的功能和技巧远不止上面所描述的这些，尽可能多尝试各种方法优化你的抽象构成对比才是最正确的做法。

（3）给构成图案匹配具体内容

单纯的构成图案不具备内容和意义，并不能称为构图。"由构成到内容"的这种构图思路的最后一个步骤，就是给你创造出的构成图案匹配具体内容。

我将通过三个案例说明这个步骤的操作要点：

案例一：

下图是我在上一小节中，通过三维软件的辅助创造出的抽象结构：

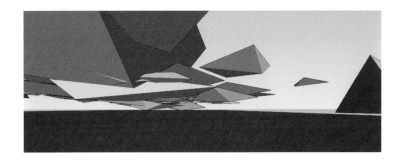

既然得出的已经是三维模型了，我就干脆对这个模型做个光影渲染：

你是不是发现这个渲染模型有些眼熟？

是的，先前你所看到的这两个构图，就是从这个抽象结构中发展出来的。

以图 B 为例：

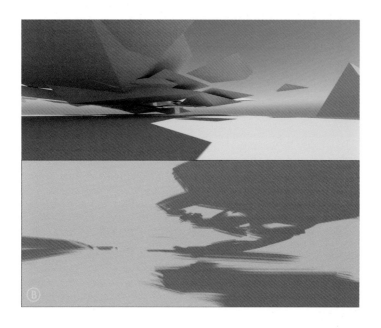

首先，我从这个三维抽象结构中联想到了天空，我感觉可以把主要的模型结构置换成一整片的云（恰好它看上去也有一些 S 形或 C 形构图的视觉引导感）。于是我用两个调子完成了上面的这个构图底子，我对图案做了一些调整，这是为了把形状的对比拉得更开一些。

联想到天空之后，就顺理成章地想到了可以在画面中安排一些追击的飞行器。于是结合透视近大远小的特征，以及疏密关系等抽象对比概念，画上一些大大小小的色块，作为画面所要表现的主体。

　　为了加强视觉引导，我结合了线的元素和飞行器的尾迹，让飞行器的运动感显得更强。此时我发现画面的运动感仍然有些薄弱，能不能运用学过的构图知识让这个构图变得更好呢？

　　显然，这正是用上构图形式的大好时机。

　　使用斜线构图的构图形式改进原图，动感得到了进一步的提升，完成了这个构图。

　　案例二：

　　这是我在此前章节中，通过二维软件的辅助得到的抽象构成图案。

我这次打算用黑白分阶的方式来设计这个构图:

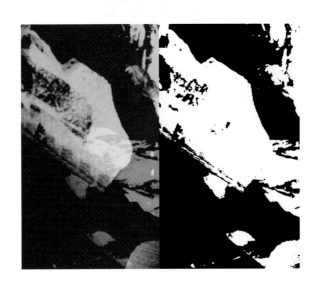

　　首先,用 Photoshop 软件中的色阶工具把抽象图案的色调简化为黑白两阶,我感觉画面上半部分的白色色块有点像一块大石头,于是我就想是否可以画两个枪手,一个在远处的石头上,另一个在右下角的近处,这样搞不好还会有些支点构图的意思……别想太多,直接动手尝试。

　　原先的画面看着有些狭窄,可能无法安排下我想要画的主体角色,所以我对画布的右边和下边做了一些扩展,同时先补上一些调子(即便这些调子可能不一定是合适的)。

　　在远处和近处分别放上了一个枪手，远处的枪手在暗色背景的衬托下显得很不错，但近处的却不够好。我要利用以前学习过的黑白分阶的知识，对这个构图进行改造。

　　更改下半部分的内容，给近景角色一个更好的衬托。目前看来，左下角的大面积白色显得有些单调了，我打算设计一些大大小小的石头来让它变得丰富一些。

给单调的地面加上了一些小石头。在构成上，小石头和大石头搭配出了丰富的面积对比，使画面的构成形态更加偏向"带噪声的非线性分布状态"。这样，构图就完成了。

案例三：

抽象图案除了可以是线条或黑白调子组成的之外，也可以直接用色块来创建——也就是先创造一个色彩构成，再给这个色彩构成赋予内容和意义。

下面这个案例是我很早以前做的一个练习，可以作为"由色彩构成到内容"构图方法的解析：

首先，先放松地用各种笔刷和颜色在画布上创造一个色彩构图图案。

在绘制的时候，不需要带有特别的绘画目的，反而应该更多关注抽象对比。相比较于线条和黑白，色彩构成图案对于饱和度和色相的对比关系有额外的要求。上图中，我所使用的是大面积冷色＋小面积暖色的的色彩构成方案。

此时，我对画面已经有了一些联想，感觉画面有些树林的意思，于是我就打算把画面内容设定为树林里两个士兵的一场战斗。你可以看到我在画布下方试探性地加了一些色块来推敲士兵的位置和衬托关系。

由于已经决定把这个色彩构成图案置换为树林，在接下来的绘画过程中，我通过调动视觉经验和查阅资料，使树林的印象逐步具体化。比如我已经开始在可能置换为树干的笔触上，加入了一些树皮的颜色，这是一个顺其自然的行为。同时，士兵的形象也可以用色块逐步搭建起来，在创作过程中，略保持一些抽象感是绘画放松自在的秘诀。

我发现底部的角色对比状态不太好，所以调整了树林地面的对比关系，使地面对比减弱，增强统一性，这样就可以给两个角色以更好的衬托。同时，我在远处增加了一些明亮的黄色，我希望通过它传达出一些阳光的感觉。

把色彩构成图案的抽象感继续向具体内容转移，比如：开始设计地面的植物分布。地面的植物如何分布依然是以构成对比关系作为指导的，光影也是——我为了衬托左下角那个角色的轮廓，特别给地面设置了一块阳光的光斑，这样也可以使画面下半部分不显得那么闷。

　　持续不断地把构成元素转化为具体内容，直至完成这个练习。

　　以上，我通过三个案例，对如何给构成图案匹配具体内容做了个解析，总体来讲要点如下：

　　你可以使用任何你想象得到的方法去创造构成图案，但应该确保该构成图案在抽象对比上的丰富性，这将有助于产生内容联想；

　　萌发联想之后，可以优先考虑如何给画面带来一些透视或者空间感，因为带有透视感的空间是具体内容依附的基础；

　　想想主体的位置和衬托关系，你要让构成上的衬托关系在内容层面合理化，这是对你综合能力的一个考验，也是画画最有趣的地方之一；

　　在完善构图的过程中，考虑是否可以通过构图形式（如 S 形、支点或倾斜等）来增强画面的视觉效果；

　　处理次要的对比和细节，使画面具有"带噪声的非线性分布状态"的构成特征。

四、创意与构图经验总结

　　产生创意和创造构图是绘画创作中最令人兴奋的事情，但大多数初学者在最初的阶段总会遇到很多麻烦。比如：绞尽脑汁也弄不出来一个有意思的构图，或者能够感觉到自己的构图不太对劲，却不知道从何处开始改进……

就像所有的高手都经历过菜鸟时代一样，所有擅长于产生创意和创造构图的人，在初期阶段一样会遭遇你目前所遇到的这些问题。接下来，我将仅以我个人在创意和构图上的学习经验，给你一些建议。

（一）创意和构图应该更加注重数量

很多人在创意和构图方面容易陷入的误区之一就是——过分纠结于把一个琢磨了好久的想法和构图做得更好。

Tips：我这里说的是"过分纠结"，而不是说想要把练习做得更好这件事不对。

现实情况是，在能力还不太成熟的时候，尽管你有着强烈的改进创意或构图的决心，很可能费尽心机反复调整它，最终却还是做得很平庸。

我个人认为，与其反复调整修改一个创意或构图，不如把时间花费在尝试画出更多方案上面。这样做有几个好处：

反复纠结一个构图容易使思维僵化，多考虑其他方向有助于打破僵局。

创意或构图，在不同方案的对比中才更容易看出问题之所在。因此，先把可能想到的构图都以草图的形式表现出来是明智的。

即便最终大部分的方案可能都无法成立，在练习中，你仍然可以获得大量的经验积累。这些失败经验在你的未来的创作中，将会发挥它们独有的作用。退一万步说，至少你也能比其他人更早地明白"此路不通"。

（二）不断拓宽你的知识涉猎

更广阔的知识涉猎面有助于产生更多和更好的创意，这是毋庸置疑的。

虽然在前面的章节中，我所介绍的一些产生创意的技巧，有助于你在"确实没有想法"的时候仍然可以开始练习。但从长远看，一个人能在创意上展现多少灵活性，做到何种成熟的程度，则基本依赖于这个人的知识涉猎。

拓宽知识涉猎面的方法很多，传统的方法是阅读。

拿世界观来说，几乎所有靠谱的小说都基于一个稳定的世界观。通过阅读，你可以了解到不同世界观的特色和形成逻辑。这对你创造带有世界观的设计是大有好处的。而且，阅读也有利于帮助你养成以图像的方式想象文字内容的习惯，这可是视觉设计专业人士的必备技能。

此外，你也可以通过看纪录片的方式拓宽知识面，例如，NGC（国家地理频道）、Discovery（探索频道）和 BBC（英国广播公司）的一些纪录片都非常优秀，你可以轻松地从这些纪录片中获得新的知识。在阅片的过程中，有时甚至会直接产生很强的创作冲动，以此为动机开始你的创作也是一个很棒的体验。

总之，设计到了更高的阶段，主要拼的就是每个人对于文化的理解。知识面狭窄、平时又疏于给自己充电的人，最终在创意上是会吃亏的。

（三）对构图保持开放的学习心态

当你掌握一些构图知识之后，除了尽可能多地在自己的创作实践中去运用它们，也可以尝试使用这些知识来分析优秀的作品。当你这么做的时候，需要注意下面这个问题：

以所学的构图知识分析他人的作品的时候，不要带有"你的构图不符合某个构图原则，所以这个构图不是好构图"这样狭隘的思想。一个构图是否能够成立是一个复杂的综合问题，例如：

我们可以从约翰·辛格·萨金特的这幅作品中看到放射状构图的特征（透视带来了明显的平行线会聚），常规情况下，这类构图的视觉重点会被放在消失点处，像下图这样：

　　上图中的视觉重点处于平行线会聚的消失点附近，平行线的会聚形成了视觉引导，使观众的注意力能够停留在飞机上面。

　　这么干有效，但并不意味着不这么干就一定是错误的。

　　萨金特这张图片中的人脸处于黑底（头发、胡子和黑衣）的衬托下，一样具有较高的识别性。引领或给画家让路的感觉，使他身处画框边缘似乎也没有什么不对，趣味性反而得到了提升——当然，这些只是我自己的解读。

　　总之，我的意思是，当你已有的构图知识与某个作品的构图并不一致，而那个作品却又确实是一个优秀作品的时候，你更应该关注的是这个构图能够得到成立的原因，而不是急于挑刺，这对你来说是一个进一步增长见识的契机。无论在任何情况下，都要保持开放的学习心态。

第 5 章
综合创作

在此前的章节中，我们对绘画创作必备的各种单项技能及其运用方法进行了学习。而最终的学习目的，都在于利用这些技能，以图像的方式表达自己的想法。也就是本章的主要内容 ——"综合创作"。

当然，我的意思绝不是只有扎实地学完了本书中的内容，才可以进行创作。正相反，在绘画学习的任何阶段，哪怕是还不具备专业知识的最初的阶段，你都要持续不断地尝试创作，创作本身就是使创作变得更好的推动力。

但是，当你已经对各种单项技能有所了解，并且进行了相当程度的练习之后，你就一定要找个机会在综合创作中运用它们，这是验证自己对相关知识的理解与实际运用能力的唯一手段。

在本书的最后一个章节里，我将完整地还原自己的一次综合创作，包括想法的产生和具象化，构图和构成设计的安排以及塑造和视觉的实现。

由于综合创作包含了本书涉及的几乎所有的知识点，因此，你可以在阅读本章的过程中，随时翻阅本书中已学过的内容。回顾相关知识，感受它们在实践中的应用，这会是一种有效且不太枯燥的复习方法。

同时，我也会在各个创作步骤里，穿插着讲一些关于创作的心得体会，虽然不一定对每个人都百分之百管用，应该也能给你提供一些参考。

此外，与你所见过的其他步骤分解教程不同的是：

这次创作过程中出现的一些问题和错误，我并不打算掩饰它们，我会告诉你我认为这么做不太好的真实原因，你也能看到我为了纠正这些错误做了哪些尝试 —— 而不是给出一场毫无破绽的"表演"（有经验的创作者都知道，特别顺利的创作是罕见的，而且通常这并不是一件好事）。

总而言之，我相信这样的展示方式有利于引导出你对自己作品的深入思考。

一. 创作案例一——《对弈》

（一）创作概述

我们先利用一点篇幅对这个综合创作做个初步了解。

最终的完成图：

是不是感觉这个画面有些熟悉？

对，这幅画的创作，是基于本书"构思画面内容的方法"章节中所举的一个案例，即：

"武士和猴子在下棋"。

Tips：在那个章节里，我讲述了构思画面内容的具体方法，如果你的印象模糊了，建议再次翻阅一下该部分内容。

我根据这个原始创意推导出细节，把要表现的基本画面感觉确定为：

年代或世界观：带有魔幻气氛的日本的古代。

时间：晴朗的午后。

地点：带有宗教感或禅意的室内空间。

角色：武士，下棋的猴子，其他猴子。

故事：武士和一只被大脑操控的猴子悬浮在空中下围棋。

利用了大约一周的业余时间，我使用数位板和压感笔在 Photoshop 上分 7 次完成了这个创作。

Tips：一个综合练习是一次性画完好呢？还是分多次画完更好？

我自己比较喜欢分多次画完，即便时间很充分，我一般也不会一次就直接画完一个图。

这么做的理由是：

绘画和设计是相当耗费脑力和体力的活动，特别是在画那些你不太熟悉的内容或主题的时候，整个绘画过程可以说是充满了各种各样的判断（创作，就是一系列判断所得出的结果）。在长时间作画的情况下，你的精神或身体就会更容易感到疲劳，从而变得倾向于依赖既有的经验去做判断——而忽略实际情况，按老套路来解决新问题恰恰是进步的一大阻碍。

你们中的一些人应该有过和我相似的体验：有的时候，你画了一整天的图，第二天再看它的时候感觉忽然变得无比丑陋。这就是因为前一天由于疲劳，你的审美判断力下降了，眼睛和大脑适应了正常情况下无法忍受的画面效果。

所以，我自己的对策就是，在感到疲劳之前，就先把画放一放，改日再战（当然，对于工作图可能不太现实，私人创作是可以这样的）。有人会说，这样的话，一段时间里的练习量不就会变得很少吗，练习量太少也不利于进步的呀？

说得没错，所以我有时会同一时间进行几个不同的创作，一张画累了，就画另一张，确保自己在画图的时候，对手上那张图的感受是新鲜和敏锐的。这样，虽然一张图没法很快完成，但是在周期的练习量上却可以得到保证。

另外，介绍一个我自己的 CG 绘画的图层管理习惯：

简单讲就是按照创作顺序建组来管理图层。

例如，上面这张图，我是在一周内分七次画完的，那么我就"按次建组"，一共建了 7 个组，每次新画的内容和图层都放在该次建立的组里。

这样做不仅可以很好地管理你的工作进度，也能够检验最新批次工作（相对于上一次）的改进效果。甚至在你完成这个创作之后，还能通过从上到下依次关闭图层显示来复盘你的创作过程，有利于从创作中总结经验和发现问题，我个人从这个习惯当中受益颇深。

接下来，各位就和我一起对这个综合创作做一次完整的复盘吧。

（二）创作初期的功课

请思考一个问题：

在你做好画面内容的基本构思之后，要做的前两件事情各是什么？

答案是查阅参考资料和画草图。

有人可能会对前者不以为然，不查资料直接默画才厉害吧。再说了，就算不得已必须查资料，好像也没人不懂得怎样查吧。

这恰恰是初学者才容易出现的错误认知，查资料不仅重要，而且可以称得上是一门技术活。一些高手不借助参考资料，就能顺利进行特定题材创作的原因，是由于他们对此题材的创作已经非常熟悉了，画得足够多，有了视觉经验和设计元素的积累——换句话说，他们在初期接触这个题材的时候，也还是要查阅参考资料的。而我个人则建议，即便你对某个题材已经非常熟悉，也不要绕过查资料这个步骤。除非你确实满足于利用自己的知识存量做老套的表达，并且没有探索未知事物的渴望。

对于如何做好创作初期的功课，我就以前文中的那个创作为例，谈谈这方面的个人经验。

1. 查阅参考资料

当我确定了画面的主要内容，并大致构思好可能出现在最终画面里的环境和物件之后，我就会开始搜集一些图像类的参考资料。

请注意，你必须明确"找参考"的意义，因为这件事存在一定的辩证性：

你既不能死咬住自己初期设想的一些细枝末节，拒绝一切从参考资料中获得的更好的可能性；又不能被参考牵着走，由于没能找到符合初衷的借鉴对象，而随随便便选择了"更容易找到资料，更好画"而不是"实际上更好"的创作方向。

这就要求你必须非常了解什么才是你想要表达的核心，这部分是要坚定不移地执行到底的，不能发生意志动摇；但是对于能够增强表现核心效果的细节，则可以随机应变，往往不经意间的一张图片就可能给你带来非常好的创意和灵感。

上图是我为这次创作搜集的图片参考资料。

我一般会单独建立一个画布，把搜集到的图片粘贴上去。这样做有两个好处：第一，避免浪费时间搜集过多实际上用不到的图片，比如只是好看但并不适合的，或者许多张雷同的参考图片，当我以有限且必要的图片把这个画布贴满，就会停止做多余的搜索了；第二，这个带有参考资料的画布在下一次进行类似题材的创作的时候，仍然可以派上用场。

参考图片的类型可以是多元的，既可以是画面感觉的参考，比如对于色调、气氛或镜头视角的参考，也可以是具体的造型参考，比如物件的结构或角色的动态等。

通常像色调、气氛和镜头视角这类参考，我会更倾向于从架上绘画或电影中查找。你可以从一些抽象的油画作品中发现非常漂亮的色彩构成，把它们应用在色调上经常会有惊喜；从电影中查找资料的好处是，电影是运动的画面，从运动的画面中更容易感受到不同镜头和视角的对比，从中找到符合需要的参考的概率自然也就更大一些。

但是，我并不太建议你从他人同主题的创作中借鉴色调、气氛和镜头 —— 一方面，这更容易招惹抄袭的指控；另一方面，假如内容和形式的参考都先入为主地落在某一张现成的优秀作品上，往往容易给自己的发挥空间造成局限。你的潜意识会告诉自己"那样才是对的"，而事实上仍有无数更好的可能性却被你忽视掉了。

你可以看到，我查找了不少猴子的结构和动态，这是因为我此前从未画过猴子，在查阅资料和完成这个创作的同时，我们未必不能把它当成一个新鲜的学习机会。当你对这些未曾涉足过的"非舒适区"展开学习和探索的时候，你各方面的能力和见识也就悄悄地稳步提升了。

2.绘制草图

如果把查阅参考资料视为发现可能性的一种途径的话，画草图不仅具备同样的功能，还能低成本地验证这些可能性是否实际可行。

草图的表现形式并没有什么限制，可以用线条，也可以用黑白色块或色彩进行表达。只要选择的表现手段足够简洁高效，能够在最短的时间内视觉化呈现你的想法，那就是一种合适的表现形式。

（1）绘制线稿形式的草图

通常线条类的草图适合于快速表现结构和透视，即具体物件、空间和角色的结构设计、摄像机的位置和镜头的特征：

上图是我为这个创作所画的线稿草图中的一页。

在这张草图里，我用潦草的线条尝试了几种视平线高度的方案，视平线的位置和最终构图效果的关联是很大的。对于这个室内空间的总体结构，也可以在草图上用平面图和立面图对它做一个分析，这能够让你对创作对象的理解变得更为透彻。即便最终你决定使用 3D 软件辅助设计，前期的草图对理解结构的比例关系和各物体在空间中的相对位置也会有帮助。

（2）绘制黑白分阶草图

构成和画面总体衬托方案的探索，则以黑白色块或色彩来表现比较效率：

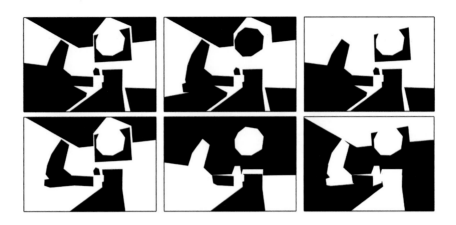

上图是我在草图阶段用黑白分阶的方式考虑的几个构成方案。

在这些方案上，我只需花费很少的时间，就可以对比出构成和图底关系的优劣。相比画到最后才发现画面的总体构成不好而留下遗憾，草图阶段对构成的探索成本可以说是非常低的。而且，它对表现媒介也几乎没有特殊的要求，你完全可以只使用纸笔来完成这些前期功课。

总之，无论你是否对创作已经有了很好的想法，你都应该在创作初期，用草图的方式去表达它们，尝试画出更多不同的方案。不管这些方案是不是合适，视觉化它们的过程都是强行让自己适应图像表达的训练方法，高手的灵活性和熟练度就是这么长期积累起来的。

（三）确定构图和构成方案

做好创作初期的功课（即查阅资料和绘制草图）之后，你应该对自己将要画的东西心里更加有数了。如果初期功课的目的在于找到更好的可能性，那么这个阶段就需要你在诸多可能性中选出一种，作为后续创作的基础。

首当其冲的问题就是构图和构成方案。

对于创作来说，构图和构成方案是底层级的重要问题。在这方面我深有感悟，我常常在创作的中后期阶段还在调整具体物件的设计，但如果一开始没能确定好构图和构成方案，后面是没有可挽回的机会的，因此你得非常重视这个步骤。

1. 确定构图

不要试图死磕出一个完美的构图，要从多个构图方案中筛选出更合适的那一个。

（1）选择构图方案

尝试过许多构图草稿之后，你可以选择其中最有希望的一个来继续发展。我个人觉得下面这个还行：

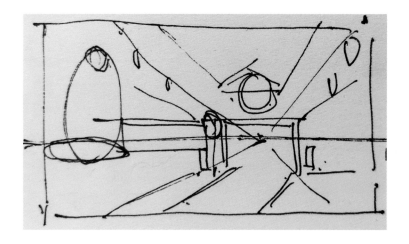

草图虽然潦草，但至少明确了几个重要的信息：

视平线的位置；

摄像机的位置与镜头特征（视角）；

空间的基本形状；

主要物体的尺度；

主要物体在空间中的位置。

有了这些信息，就可以开始绘制比较精确的构图了。在这个创作中，我使用了三维软件 SketchUp 的辅助。

（2）三维软件 SketchUp 辅助确定构图

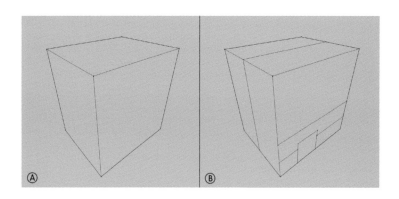

在我的设想中，画面中的角色们所处的空间是在一个日式建筑的室内。因此我先从一个盒子开始搭建（图 A），然后对这个盒子进行必要的分割（图 B），以明确一些建筑部件的位置和尺度关系，例如，门、窗、梁、柱的位置和尺寸等。如果你对该类建筑的尺度没有概念，一定要勤于查找相关资料。

Tips：这方面的尺寸资料不要仅满足图像上的肤浅了解，你可以查一查建筑方面的具体数据，这样可以顺便积累一些设计知识。

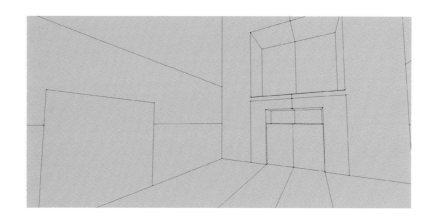

　　根据草图调整视平线和摄像机的位置，设置一个合适的镜头视角，上图使用的是60°视角。你也可以考虑把一些基本结构给做出来。你可以看到，上图中我把神龛、流水瀑布和门窗的结构给搭建出来了。

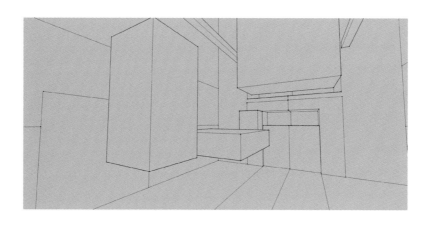

　　按照实际比例，把主要的角色和物件，如大脑、武士、猴子和棋盘给建出来，并参考草图，放到空间中合适的位置上。

　　我不会把模型建得特别细致，这将花费很多时间，多数时候我只会建一些基本几何体来概括这些物件的比例关系，更多的细节我会用本书入门篇中"结构翻转"的相关技巧直接画出它们（此时模型中的这些方块，就成了结构翻转中的包裹盒子了）。

　　当然，如果你的创作基于渲染器对模型的渲染，你也可以把模型建得更精细一些。

　　有了上面的模型作为透视和结构的参考，结合之前查阅的相关图片资料，我画了一张稍微细致一些的线稿：

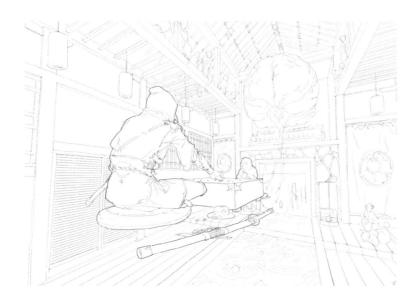

在实际创作中，线稿不是必须的，如果你有把握直接使用色块塑造的话，也可以直接跳过这一步骤。对于我来说，我只是想要顺便做个这样的练习罢了。

2. 确定构成方案

我一直觉得推敲和玩味构成方案，是绘画创作中最有趣的事情之一。

很多初学者却经常疏于或不屑于在这个程序上投入时间精力，急于进入具体细节的刻画，在我的经验里，这样做是得不偿失的。

草图阶段尝试的各种构成方案，到了这一步需要做个筛选。初期我画了下面这6个构成草图：

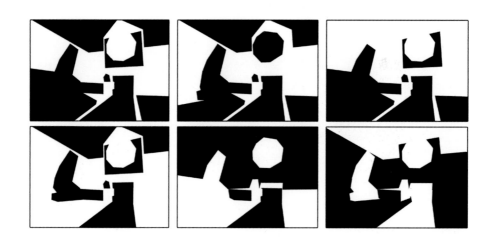

在本书"黑白分阶"章节中我说过，在画这类构成稿的时候，你必须同时考虑构成和光影两方面的问题，因为此时画面上的构成就是对光影的一种概括。

选其中的两个来解析一下：

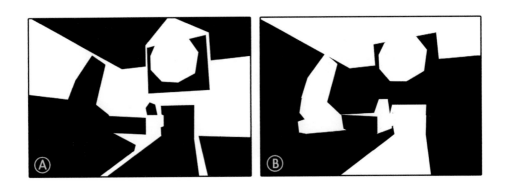

图 A，在画这个构成方案的时候，我考虑的是如何用墙面来衬托主要角色的轮廓。对于室内的环境条件而言，这种衬托关系主要由固有色所决定，也可能用到空气透视。

图 B，这个方案中，地面上的流水瀑布像是在发光，从而照亮了天花板，也就是典型的底部光照。这种情况下，墙面则可能由于距离和角度的关系显得较暗，从而暗衬托角色和大脑的亮。

最终，我还是选择了图 A 的这个方案作为深入绘画的基础。

看上图，在这个构成方案中，最为重要的其实就是三组衬托关系，分别是背景对武士、猴子和大脑的图底衬托关系。我们得在着手刻画具体细节之前，先想想怎样处理这些对比关系。

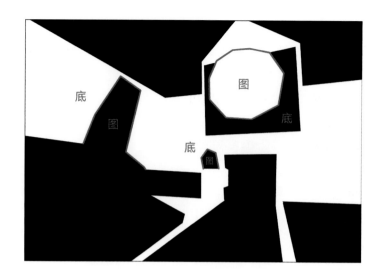

我要给上图中的三组衬托关系找到可以合理置换的现实内容。

对照上图中的完稿，留意完稿中的三组图底关系，它们的对比强度不应该是相当的。我按自己认为的重要性做了排序：武士 > 大脑 > 猴子。可以看到，武士背后的墙面被安排了较浅的固有色，配合空气透视形成的弱对比，给武士的轮廓提供了很好的衬托；大脑悬浮在神龛中，神龛的闭塞区域形成的暗部，衬托了固有色明度较高的大脑；猴子也得到了背景墙面的衬托。

考虑妥当这些问题，就可以开始绘制正稿了。

（四）确定色调并开始整体塑造

从这个步骤开始，创作就进入了正式的绘画阶段。

CG 绘画的媒介是数码平台上的图像处理软件，绘图的灵活性比传统绘画要高很多，因此，也有各种各样的绘图步骤和方法可供学习。我个人认为步骤和方法无所谓绝对的正确和完美，只要你尝试得足够多，必然可以找到适合你的那一种。

接下来，我所描述的是我自己擅长的步骤和方法，它对你来说并不一定是最合适的，请不必拘泥于具体的操作细节，理解"为什么这么做"的理由对你来说更有价值。

1. 确定色调

我个人习惯直接上色的绘图方式。在已经画好线稿，不容易出现透视和结构方面的错误之后，我会在第一时间把色调给定下来。

在"色彩构成"的章节中，我对如何创造色调做了比较详细的描述，复习一下吧，色调可以通过三种途径形成：

大面积的某种固有色；

光色，包括直射光或漫反射；

作者主观决定。

你可以选择其中的一种或是综合多种途径来确定画面的色调，不要试图找到一个绝对正确的答案，色调是没有答案的。因为色彩构成是否好看并不取决于一种颜色，而是取决于多种颜色的组合。

得益于初期做好了充分的资料搜集功课，当创作进展到这一步的时候，我已经对这幅画的色调有了点概念了 —— 我想让它是个暖黄色的色调，至于是偏红的黄还是偏绿的黄，可以留到后面再做决定。

在铺大体色的时候，一般我会把线稿放在图层顶部，并调低它的透明度，然后在线稿层下面新建图层来铺设色调，像下图这样：

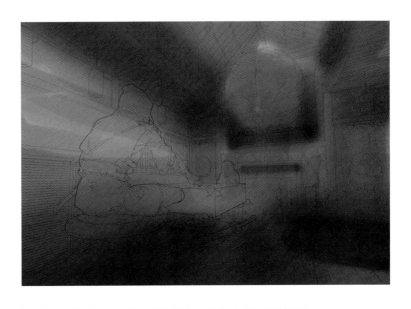

把线稿层的透明度调低，是为了避免线条干扰自己对色彩的判断。

我用边缘柔和的笔刷对画面做了一个完整的铺色。目前选择的这些颜色，基本上都是空间内部材质的固有色在暗部中的状态。

一般来说，我会根据画面亮暗部的面积占比，来决定先画暗色还是亮色 —— 我习惯先画面积占比更大的那个。这个创作处于室内，如果把阳光直射区域视为亮部的话，空间中大部分面积应该都处在暗部里，所以先画好暗部更有利于我把握画面的总体色调。

此时，我只需控制好几种主要材质的颜色，分别是墙面和帘子、地面和天花板的深色木作，以及大脑的颜色。过于微妙细腻的小面积色彩对比，在这个阶段我是不管的。

你会发现我并没有使这些颜色被区分得特别开，这是由于：

室内即便处于暗部，也存在影响各个固有色的漫反射色光，在漫反射色光（此处多半是暖光）的影响下，各种固有色是会有一定的色彩倾向的，这使它们并不像在白光照射下区分得那么明显。

目前我还没有特别大的把握一次性把它们画准。但可以预想到的是，最终这幅画里强对比的部分应该是面积较小的，因此我更倾向于先把大面积的颜色做个弱对比的区分。

总之，我喜欢按面积从大到小的顺序来处理画面的色彩。

2. 整体塑造

把主角们也给画上去——这也是根据从大到小的原则。

对于私人创作，我不太喜欢在一开始就把角色的轮廓形状完全定死（我理解，在一些商业图中，这么干有其易于执行和修改的便利性）。因为，从我的个人经验来看，画到后面修改动态和局部设计是再正常不过的事情了。既然图形还可能发生变化，那么就没必要在这一步非要摆出特别肯定和自信的样子把一切都定死。

当然，前面我说过，构图和构成方案基本上没有后期修改的余地，定下来就不要变了。

　　在确保画面整体和谐的情况下，继续分割画面上的色彩 —— 对，此时的任务绝对不是"把某个自己感兴趣的东西塑造得结结实实"，这是大错特错的。你得把整个空间，包括空间中的角色视为一个整体，这样你才能使画面的每个局部都在同步推进。对比上一步骤：

　　我把室内的光源和室外的部分给画出来了，目前它们看上去有些抢眼，但还算在我的容忍范围之内。我很清楚，最后这些不太重要的东西，是不会还保持这么强的对比的。此外，我开始使用一些边缘锐利的圆头笔来明确一些清晰的边缘对比，比如神龛、帘子与周边物件的分界，这么做可以使物体的形状逐渐明朗起来。

　　我还略深化了一下武士。武士是离我们最近的主要画面元素，因此我很明确以下两点：

　　在画武士的时候，可以使用更暗的颜色 —— 因为他离镜头更近，受空气透视影响较小；

　　武士与衬托它的背景应该拥有更强的对比 —— 因为他是主要角色。

　　根据以上两点，结合墙面本身的材质和颜色，就可以推理出：

不应该在武士后面的那面墙上使用太暗的颜色，而且应该设法削弱其对比。

在这个基础上继续把已有的色块做一些细分，包括形状和色彩上的细分，只要维持弱对比状态就好。

我一般会使用不同的笔刷来丰富画面感觉，譬如画面左侧墙面上的肌理。你问我这些肌理和笔刷是否有着明确的目的？答案是，没有。也可以认为这只是为了让画面不太单调而做的一些尝试。

在这一步骤中，我对画面做了两件事：第一，把阳光直射的区域和颜色给确定下来了；第二，对地面材质的质感做了一些处理。

（1）确定阳光直射区域和颜色

对于阳光直射区域的位置和形状，有两种获取途径可供选择：

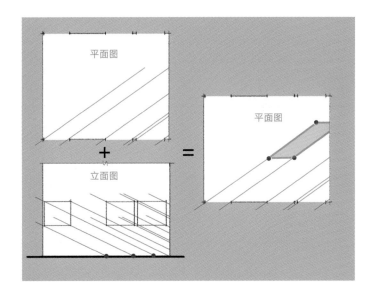

如上图，你可以按本书"光影推理"中"光照的分区"章节里描述的方法，推断或估算阳光穿过窗户之后，留在墙面或地面上的光斑的位置和形状；

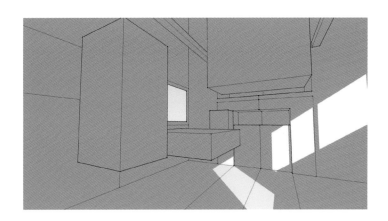

也可以利用 SketchUp 中自带的阳光直射区域计算系统，在模型上直接得到阳光光斑的位置和形状。

颜色方面，由于阳光光色的饱和度较低（严谨点说，此时太阳高度较低，照射角度较小，应该是略偏暖），在阳光照射的材质表面，画出固有色或其略偏暖的感觉就可以了。以布帘为例：

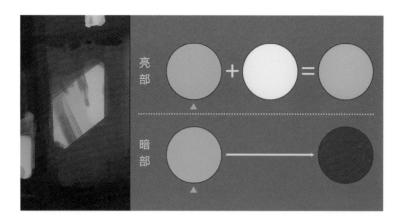

上图中，带有红色三角标记的颜色，是布帘的固有色，在偏暖的白光照射下，亮部呈现出固有色略偏暖的颜色；布帘暗部的颜色，主要受天空光（来自窗外）和室内环境漫反射光的影响，因此偏冷或偏暖都有可能，考虑到室内还有一些暖色光源，我还是把它处理得略偏暖一些。

（2）表达空间的总体质感

质感是绘画的层级关系中偏向于表层的部分，理论上是不需要那么优先去表现它的。但是，假如空间中存在大面积质感特征明显的材质，以至于不对质感做个交代就很难体现画面的整体效果的话，优先处理质感也是没问题的。

在这个创作中，我希望地面的木质地板具有一定光滑度，而且地上还有一个水池，里面的水也是质感特征明显的。这两个材质占据了画面较大的面积，因此我决定在创作早期就对它们做一些表现。

对比两图，右图与左图在质感上的差别仅在于图中的虚线圆圈处。

在创作的初期阶段，如果你要表现质感，只需把材质表面对比强烈的环境映像——也就是高光（即光源在材质表面的环境映像）——画出来就行了。

　　上图中红圈标注的部分，就是应该在地面和水面材质上体现出质感的部分，其中窗户、神龛下面的灯和空间两侧的吊灯是光源，帘子上的阳光光斑由于对比强烈，也可以考虑当成优先表现质感的"光源"。

　　于是，目的就明确了——找到地面和水面上红圈标注部分的环境映像的位置。

　　根据本书结构与透视章节中的"点定位"技巧，以及质感章节中介绍的环境映像推算方法，可以得出红圈标注部分在地面和水面上的映像位置。

　　首先你得先确定镜像面：

　　上图中蓝色线框标注的部分大致就是地面和水面的镜像面。

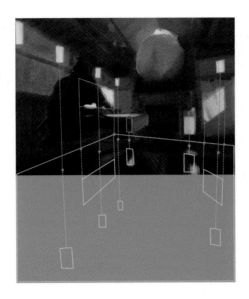

通过基于蓝色线框的平面，做红圈标注物体的镜像，得到了绿色线框。我在常规创作中一般是凭经验来估算，少许的不准确是没有关系的。

可以看到有些物体的环境映像已经是在画面之外了，这部分可以不管，仅仅处理好画面中的映像即可。

假如地面和水面是完全光滑的材质的话，物体的映像应该如上图这样具有锐利的边缘。但现实中的材质并不都是这么光滑的，因此可以按设定把映像画得更大和更模糊一些，离镜像面更远的物体，可以在此基础上再模糊一点。

对比以上两图，处理过后的镜面映像就显得更自然了。

请注意，直到这一步，我们加入画面中的一切元素（包括但不限于色块、边缘、光影的明暗对比和质感等），更多的还是为了在兼顾真实的情况下得到一个更好的构成，而几乎没有在某个物体或局部上做出深入刻画。

当前阶段不应该迫不及待地把东西逐一画清楚，更重要的任务是处理整体关系，你应该考虑的是下面这类问题：

构图是否平衡而不呆板？

透视总体上正确了没有？

摄像机的位置是否适合于表达这个画面？

画面形成色调了吗，以及形成的色调是我想要的吗？

光影的主次出来了没有，是否处处抢眼缺乏重点？

是不是隐隐约约能感受到画面将要发展的方向了？

…………

考虑这些偏向于整体关系的问题，有助于发现现阶段画面的底层毛病。如果你发现在上述这些点上做得还不够令自己满意，最好在这个还未深化的阶段就予以调整或重画，相比在已深入的画面上修改底层问题，修改成本将会低很多。

补充一句：有时，我们的眼光会比手上的能力要高一些，以至于能看出不对劲但一时无法做出更好的调整。这种时候，除了请教更有经验的人之外，尽自己所能去改进就好，为了解决问题而付出的思考和行动是不会白费的。该硬着头皮往下画的时候，就硬着头皮往下画，毕竟只有画完一幅完整的作品，你才可能得到完整的绘画经验。

（五）逐步深化

画面的整体效果基本能够接受之后，就可以开始逐步深化下去了。关于画面的深化，我一直秉持一个理念，那就是——整体深化。

整体深化的意思是：

在画面整体完成度不断提高的每一个阶段，使画面中每个局部的完成度提升程度趋于一致。

也就是说，当画面整体的完成度为60％的时候，所有的局部大致都画到60％完成度的程度，接下来再逐渐把所有的局部提升至70％、80％直至最终完成。

注意：一些作品，在完稿状态下也存在各局部完成度不一致的情况。这往往是作者刻意创造的风格效果，与此处"在深化过程中的完成度提升程度趋向一致"并不是一个概念。

同时，你还得留意一个问题——完成度并不仅指"细节的具体呈现程度"。完成度指的是画面中的各种对比关系或者造型完整性的一致程度。

拿色彩关系、轮廓和内部细节举一个例子：

当你把色彩关系处理到60％的时候，轮廓和细节却已经画到100％了，我觉得这种状态的画面的完成度就是不一致的。

再如构成和光影：

你已经把光影画得栩栩如生了，但构成上却还未处理得非常协调，这样的画面的完成度也是不一致的。

我会尽可能在创作中保持这些对比关系和造型完整性的一致性。只有这样，一幅画才可能做到"无论何时停下来都是完整的"。究竟最后要把细节画到多么"细致"，在我看来反而不是特别重要的问题（实际上只要做到层层深化，耐心一些，画得更细致并不算太难）。

1. 绕圈到处画

进展到这一步的画面：

与之前的对比:

在这个阶段,我基本上是"绕圈到处画"——也就是这里画一画,那里画一画,绝不在一个细节上停留太长的时间。在这方面我是有过惨痛教训的,孤军深入某一精彩局部一般都没有什么好下场……代价经常是失去整体。

总体而言,我们在这个阶段的目标是:

使构成关系(包括色彩构成)变得更有节奏和更细腻;

使光影和色彩更自然和真实;

使物体更有体积感和空间感;

使质感更加逼真;

使轮廓更加精确;

使细节更加完善和具体。

而且这一切都要同时推进——这对于初学者可能会有些难,毕竟你们在某些技能上的短板可能更加明显。但请以此为目标尽可能去整体推进你的画面,长期坚持的话,对提高画面的整体控制力是大有帮助的。

2. 调整武士动态

画到这里，我对武士的坐姿动态有些不够满意了，做了点调整。

与之前的对比：

这么调整的原因是：

一方面，我其实想要表达的是 —— 武士被难住了，猴子在大脑的控制下倒是胸有成竹。这样的话，也许让猴子处在落子的状态更合适。

另一方面，之前的方案中，武士伸出的手臂把窗子截断成两个部分，我觉得在构成上这个形状不是特别好。而且窗子也太过显眼了（虽然在调整过动态之后，窗子还是过于显眼，但在这个基础上我是有将它削弱的把握的）。

3. 配角猴子的绘制

添加了一些猴子。

怎样在创作里画出这些新鲜却陌生的东西呢？（我可从来没画过猴子）

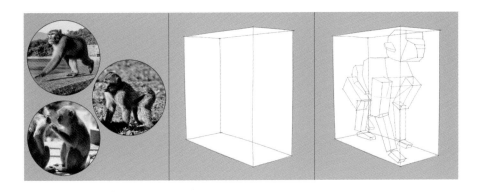

当然就是运用结构概括和结构翻转的技巧了。

首先，我在创作初期做了点这方面的功课，包括搜集了关于猴子的图片，看一些动物结构方面的书之类，这一切的目的都在于理解猴子的概括结构。

根据不同角度的猴子照片，我们可以估算出猴子躯干四肢体块的大小比例关系，用简单的几何体概括它们，这是理解陌生物体结构的最简便的方法（当然如果有动物解剖结构资料就更好了）。

其次，像上图这样，在场景中绘制盒子。如果你已经把结构翻转的技术掌握得足够熟练，也可以跳过这一步，但心里必须要有盒子的概念，方形的盒子能帮你厘清概括物体的各个表面在透视中的朝向。

最后，将猴子的概括型套入盒子中，用点定位的技巧做结构翻转。注意，让猴子的动态和朝向尽可能有些变化，这样显得更自然。

利用这种方法，你可以在自己的创作中透视，正确地绘制任何物体。

4. 调整窗户的对比关系

在这一步骤里，我开始着手处理之前发现的窗子对比太强的问题了，你可以看到我给窗子加上了日式的帘子。

我的思路是这样的：

窗子作为光源之一，必然会比画面中绝大多数的物体更亮，这是现实的限制，我们不能强行把它画暗，这是有损其真实感的。

那么如何使窗子更自然地看起来对比不那么强呢？

方法是处理抽象对比关系，看下面的示意图：

观察上图 A，亮色的矩形在暗色中显得对比非常强烈，特别是矩形的轮廓被强调得很刺眼，这就是先前窗子的对比不舒服的原因；加上半透光的窗帘就像上图 B 那样，相当于在亮色的矩形和深色环境中加了一个浅灰过渡，过渡色能有效缓和视觉的刺激。

与之前对比，这个调整似乎有点用，但显然削弱得还不够，先这么着吧，我觉得不应该在这个问题上继续纠结了。

5. 给屋顶和墙面添加细节

补充了一下屋顶的细节，不然这部分的完成度和其他地方差得就有些多了。

然后给墙壁上添加了显得老旧的壁画，这个点是值得一谈的：

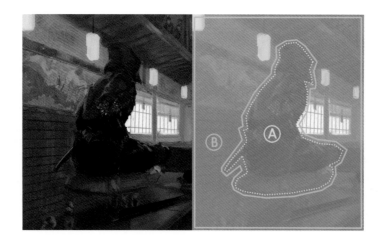

看上图，在空间上，武士和他后方的墙面分别属于 A、B 两个层次。

在创作的时候，B 层次上当然可以有许多丰富的内容和细节，但由于空气透视以及抽象对比衬托的需要，B 层次里内容和细节的对比不能太强。特别是在明度上，应该考虑克制色阶的长度，减少使用特别暗的颜色，否则强烈的对比就可能过分抢眼，而削弱了主体的表现。

总结为经验就是：

当我们所刻画的内容主要起到的作用是"衬托（其他东西）"的时候，即便你对这个东西特别感兴趣，也要保守地使用对比，不然画面整体关系容易失调。

6. 继续完善质感表现

相比上一步骤，我已经把房屋上方的结构做了一些深化，因此可以顺带着把吊灯在结构上的镜面映像给补出来（图中黄色虚线框处），方法与估算地面的镜面映像是相同的，就不再赘述了。

7. 调整生硬的构成关系

此时我发现画面的构成上好像有些不舒服，看下图：

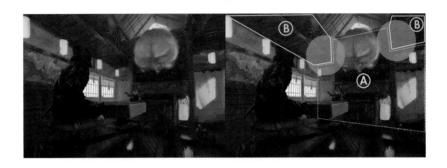

图中的 A 和 B 结合得有些生硬，此处指的是构成上而非结构上的生硬，两者对接的区域（粉色圆形标示处）显得有些突兀。我应该想个办法来削减这种不适感。

我做了一个比较大胆的设计调整。如上图，我在空间上方做了一些阶梯状的装饰结构，从结果上看，这个调整的效果还是比较令我满意的。

添加这个装饰结构，在抽象上的意义如上图所示，相当于在原本生硬对接的两个元素之间增加了一个视觉缓冲区。这也可以看作本书入门篇"审美与构成"中提到的四种抽象对比形式中的一种——曲线分布状态。从完成图中，你能在这个阶梯结构上感受到一种视觉的加速递进感。

　　而且，这个结构的添加，使神龛部分的仪式感被增强了，这也符合我对这幅图气氛的预期。

　　添加新结构之后，立即补上光影和质感。

　　在镜像面（蓝圈标记处）上把红圈部分的环境映像画出来（即绿圈部分）——你也可以把绿圈部分看作材质表面的菲涅尔反射。

8. 添加更多的猴子

使用 Photoshop 中的"色相饱和度"对画面的色彩做了一些调整，提升了画面饱和度，并略使画面变得更暖了一些。

我觉得地面上的猴子太少了，数量偏少的猴子反而会得到更多的关注，这可不是我想要的。所以又多画了好几只，这样能平摊一些关注度，毕竟它们不是特别重要的部分。另外，画多了真的会变得熟练一点，这些猴子画起来比之前快多了。

9. 提升细节的完成度

随着画面完成度的提高，现在可以有计划地把一些边缘做得更整齐明确一些了。

对比细节：

一边处理边缘，一边也要把内部的肌理质感都给丰富起来。还是那句话，各方面的对比关系要同步推进。

10. 优化大脑的造型和颜色

此前一直没有处理好的大脑，现在也要跟上完成度了，大脑的形态和质感我在初期就已经搜集好了资料，所以画起来还算顺利。

对比细节：

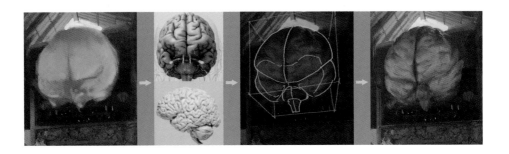

查阅参考—概括结构—结构翻转，就像前文画猴子那样，把大脑画出来。

注意，大脑距离摄像机较远，不要用太暗的颜色去画，控制住比较弱的对比，饱和度也不要太高。

11.表现大脑的质感

大致画出大脑的质感，主要就是把高光（对比较强的环境映像）画上。

对比细节：

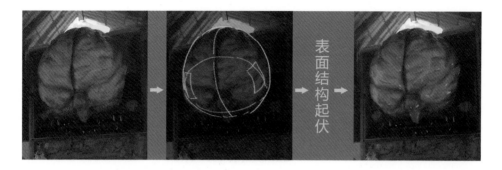

首先要把大脑当作一个类球体来看待，判断高光可能存在的位置。环境中的光源基本都在房屋两侧，因此推断高光大致在上图中粉色线条标记的位置。其次，大脑的特征是表面有起伏的结构，高光因此会变得比较破碎和分散，一般在大脑皮层沟壑起伏的突起处容易存在高光，原理请参考本书质感章节中"高光的概念与位置"部分内容。

12. 继续调整生硬的构成关系

画到这里，感觉上图中虚线标记的这块区域让人不太舒服，原因也是对比太过强烈，应该想办法削弱，恰好在先前查阅的日式室内装饰中有相关元素，于是借鉴进来。

这样在构成上稍微好一些了。

13. 添加神龛处的细节

继续补充一些细节，比如神龛里面的法器和供品，对比细节：

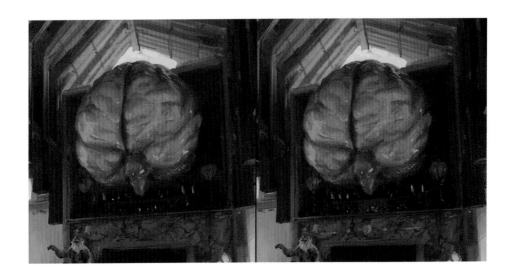

仍然需要注意避免使用太高的饱和度。

14. 优化图底衬托关系

目前仍然感觉武士和背景部分的衬托关系不够理想,因此做了一个选区(如上图黄色虚线框标记处),然后用图层中的线性减淡模式,给背景添加了一些来自窗户的光晕,这样图底关系看上去就比较合适了。见下图:

到这一步为止，画面的大效果和设计部分基本上都给确定下来了，接下来就不应该再有大的修改和设计变动了，创作进入调整、完善并丰富细节对比的阶段。

（六）调整、完善并丰富细节对比

一些人认为深化和丰富细节是一个不需要脑子的，只依靠体力就能搞定的阶段。

如果你想要的只是一张马马虎虎过得去的作品的话，这话也没错。毕竟大部分内容都已经确定下来了，画面不会再有颠覆性的改变，大效果已经定型了。

但是，如果你希望画面能够百尺竿头更进一步的话，这一步恰恰是最需要消耗精力的阶段。因为，随着完成度的提升，画面中的对比关系已经非常复杂了，你想要做一些可以看到效果的调整，往往是"牵一发而动全身"的，这需要你做出权衡和取舍。

另外，当画面中数量庞大的物体结构需要具体化的时候，画画的人很容易出现的一个毛病就是 —— 面对大量的细节，失去了对结构本质的思考 —— 变得开始依赖惯性来画图了。

这就是许多本应更优秀的作品，到了这个阶段变得平庸的原因所在。

创作进展到目前的状态：

对比一些细节:

调整、完善和丰富细节的阶段，主要任务是:

明确边缘和轮廓;

表现细微的结构变化;

表现微妙的固有色和光色变化;

更细腻地区分质感；

进一步优化抽象对比关系。

还是那个原则——以上这些任务需要同步去推进，不要长时间沉迷其中任何一点，"绕圈到处画"的深化策略在这个阶段仍然是可行的。

Tips： 分享几个深化阶段的技巧。

1. 依据结构刻画细节

我们都听过这样一句话，叫作"笔笔都在结构上"，听得明白意思不难，在创作中从头到尾都执行得彻底却是很难的。

举个例子：

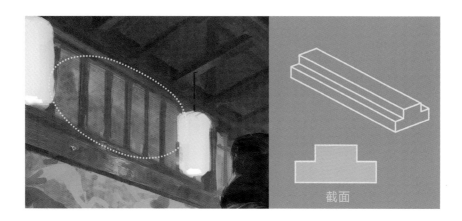

比如我们打算细化一下上图中虚线框里的木条。

要做到不乱画，就要对这个木条的结构心里有数，从上图右侧的示意图中可以看到，木条的截面是一个"凸"字形，而当前的结构中并未体现出这个特征，因此细化的目标就是把这个结构的转折关系表现出来。

在场景透视中看待这个木条的"凸"字形结构的话，我们仅能看到上图中青色线条所标注的那部分木条的表面。

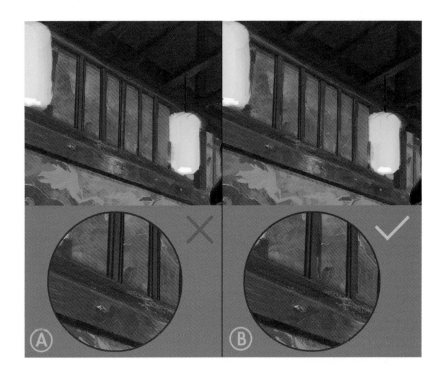

那么，细化的时候像上图 A 这样，把几个面的阴影都给不假思索地画上，就会导致细化的品质下降 —— 因为结构变的不正确了。这样的小错误积累多了，画面就会越深化越变得呆板平庸。图 B 则是正确的。

2. 深入了解事物，丰富色彩表现

另一个常见问题是，一些初学者进入深化阶段就会觉得好像没有什么色彩可以选择了。于是几乎只从现有的画面中吸取颜色，并用这些颜色表现小结构，以及把所有的边缘给收拾干净。

这样做就导致了一个问题，即结构完成度提升的时候，或者说已经把结构细微的起伏给表现出来的时候，色彩的细腻程度却没有跟上去，使画面一直显得不自然。

对于这种问题，想要破解并不难，要诀就是 —— 对材质展开联想，以此扩大你的色彩选择范围。

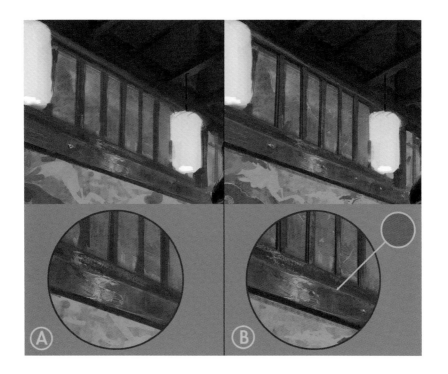

　　观察上图，在深化过的图 B 中，我在木头的棱角处使用了一些偏红的颜色，从而让这块局部的色彩显得丰富 —— 这并不完全是没有根据的主观上色。

　　在前期查阅资料的时候，我观察到一个现象，上过漆的木头，在自然老化或频繁的人为擦拭之后，漆面往往是从棱角处开始剥落或磨损的，暴露出来的部分就可能出现这样的颜色。此外，木头还可能因为灰尘堆积或霉变而形成偏冷的低饱和颜色。

　　你对事物的了解越深入，可供你深入表现画面的元素就越多，无论是在结构还是在色彩上，皆是如此。

　　总结一下，深化阶段避免"无脑"操作的技巧就是：

　　多从结构和材质的形成原因上去考虑问题，不要想当然地凭直觉去画那些还没有被正确理解的细节。

3. 深化细节（武士、棋盘、配角猴子和地面）

对比细节：

对武士的剑、棋盘的轮廓、猴子还有地面做了深化。

4. 深化细节（神龛及其附近的物体）

对比细节：

对神龛里的供品神器和神龛下方的石壁做了深化。

5. 深化细节（武士、下棋的猴子及蒲团坐垫）

对武士、下棋的猴子及蒲团坐垫做了深化。

对比细节：

观察下面两图的局部：

在深入刻画的过程中，我们要随时补上那些在前期没有被优先关注的表现因素，在处理好底层级的画面关系之后，是时候让它们变得更可信了。

上图箭头所指的肩膀边缘处，你可以看到一些轻微的亮调子，这些调子就是我在质感章节提到的菲涅尔反射（见下图），如果你能把肩膀概括地视为一个球体，就不难理解这一点了。

蒲团坐垫的表面看起来很复杂，怎样才能简洁概括地表现它呢？

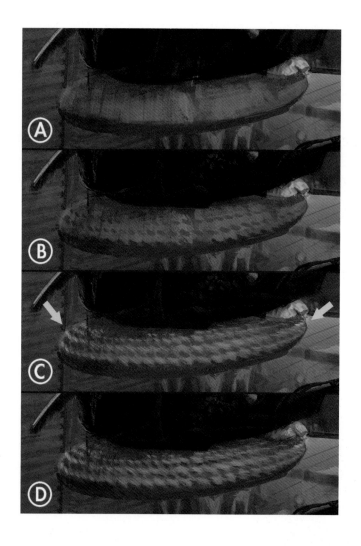

对照上图序号：

图 A，先无视蒲团表面细微的结构起伏，把整体的饼状体块画出来，注意蒲团朝向下方的表面要画得暗一些。

图 B，根据参考资料，蒲团的表面结构可以看作一颗颗小的椭球体的组合。那么，把小结构的暗部或者漫反射阴影给画出来，留出亮部不画。

图 C，绘制高光，注意蒲团边缘的高光（箭头所指处）由于菲涅尔反射的作用，会显得更亮一些。

图 D，适当刻画一些正朝向镜头的小结构里面的闭塞（即死角区域）。

猴子的深化步骤:

　　与地面的猴子相同,查阅参考,明确概括结构之后,把猴子用结构翻转的方法画到透视空间中。注意,光照主要来自空间的两侧,加上菲涅尔反射的因素,猴子应该也是边缘较亮的。

6. 绘制透视正确的棋盘和棋子

　　给棋盘上添加围棋子,武士边上也有些已经提下的棋子。

介绍一个轻松就能把围棋棋子的透视画对的方法:

先下载一张围棋的图片,拖入画布中;

利用 Photoshop 里的"变形"工具(快捷键 Ctrl+T)控制围棋图片。

　　按住 Ctrl 键，拖动变形控制框的四角，使四角与已经画好的围棋棋盘的四角对齐。由于之前的围棋棋盘已经具备了正确的透视，与之对齐的图片的透视也就一样会是正确的，按这个透视关系去画围棋子，就不会出现透视错误。

7. 表现瀑布和流水的质感

把瀑布和流水的质感给完善起来。

对比细节：

要画好瀑布和流水的质感，主要是处理好两个问题，一是瀑布在水面上形成的泡沫的部分，二是水面的波纹和透明的质感。

通过查阅参考资料，我发现泡沫总是出现在瀑布下一梯级的前方，它的形态特征我们也可以从参考资料里面获得。颜色方面，泡沫的固有色是白色，那么基本上就是受空间中的环境漫反射影响了。这幅画中室内的漫反射偏黄绿色，用这个颜色来画泡沫部分即可。

　　水面的波纹，本质上就是材质表面的结构起伏，对于灯光在水面上的倒影来说，起伏的表面将导致灯光映像的破碎化。参考上图左边的水面倒影，总结其形态特征，就不难画出灯光在水面上的倒影了。

8. 添加红色丝线

　　添加大脑与下棋的猴子的连接——红色的丝线。

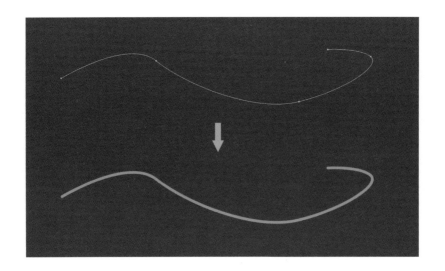

使用 Photoshop 中的钢笔工具（快捷键 P）绘制路径，然后定义好画笔的大小（即线条的粗细程度），在路径面板下方选择"用画笔描边路径"即可。

9. 微调局部颜色对比

用曲线工具轻微调整了画面局部的色彩倾向。

对比之前的效果：

我从上图中发现了一个问题，就是大脑和大脑周围物件的色彩关系有些不清爽，或者说缺乏了一些色相上的对比，显得不太舒服。

在 Photoshop 中创建一个新的曲线调整图层，把上图虚线选区中的内容调整得略微更偏绿一些，这样略偏绿的环境能把大脑的低饱和红色衬托得更加生动。

10. 处理布帘上的光斑

对帘子上的阳光光斑做了一些处理。

这个光斑的处理是一个难点。因为它确实存在，生硬地去除它并不是一个巧妙的选择，但是从抽象构成的角度也不能让它过分抢眼，这就需要我们想出一个妥当的处理方式。

一般来说，削弱对比的常见方法有：

使亮暗色块的明度更接近（降低光斑亮度）；

使边缘变得模糊（消除光斑的锐利边缘）；

破坏形状的完整性（让光斑的显示不那么完整）。

过分降低光斑的亮度是不可取的，那将严重削弱画面的光感。唯一合理地改变明度对比的方式是改变布帘的固有色，但在这个阶段，这样的调整显然对画面整体影响太大了。

消除锐利边缘和让光斑显示得不完整则是可以做到的。布帘对比太强这个问题，我在前期搜集资料的时候已经有所预料了（见下图），因此处理起来还算顺利。

最后添加布帘的缝隙，下面是布帘的深化步骤：

11. 完成创作

为了让层次显得更清爽一些，我再次略微降低了除武士之外的其他部分的对比度，然后完成了这个创作。

二、创作案例二——《湖面会晤》

（一）创作概述

下面这个案例恰好与上一创作示范相反，是一个关于室外的夜景创作。

最终的完成图：

这个创作描述的是两支军队的首领在码头上会晤的画面。

最初的创作灵感，来源于我很早以前的一个想象 —— 发光的湖面。在现实世界中，大面积由下至上的光照氛围是罕见的，这也让我产生了强烈的表达欲望。于是，我借助了一次创作练习的机会，把这个想法给表现出来了。

创意点必须落在一个具体的内容上才有意义。那么，把画面内容尽快确定下来是最重要的事情。

依照本书进阶篇中构思画面内容的步骤和方法，我列出了下面这些内容因素：

年代或世界观：欧洲中世纪。

时间：黄昏，太阳已经落下，即将进入黑夜。

地点：发光湖面上的码头，周围有岛屿、矮山和城堡。

角色：两支军队的首领和士兵随从们。

故事：军队首领的湖面会晤。

具体内容确定完成之后，就可以开始考虑如何视觉化表现这个画面了。

Tips：如何把一个偶然间得到的灵感运用在创作中呢？

我们进行一个创作，有时可能是希望满足自己对于某个偶得灵感的表现欲。可是，灵感通常总是非常孤立并且脱离故事背景的。比如，我最初就是觉得一个发光的湖面应该很有意思，这个想法并不具有任何故事性。怎样给一个孤立的灵感匹配合适的内容，最终发展成完整的画面是很现实的问题。

我认为这个问题的难点在于 —— 如何在画面中体现灵感的趣味性。

当我开始思考如何表现"发光的湖面"的时候，本能反应就是这个画面应该是夜晚。如果是白天的话，湖面再怎么发光也会是了然无趣的，无论如何必须让天空变得暗一些，这样湖面作为主光源才有存在的意义。

接着，我进一步思考画面在色彩构成上可能的发展方向。

湖面假如发冷色蓝光的话，为了避免画面颜色太过单调，应该要加入一些补色，也就是偏暖的因素。

那么第二个问题就来了，我应该用什么样的现实条件来置换这个画面中的暖色因素？

我想到了黄昏时的夕阳红，为了不让天空太亮，我把时间设定为太阳刚刚下山时。这样，一个偏暗的暖色基调就形成了。在我的想象中，这个色调搭配偏亮的湖面蓝光应该会很合适。

故事一定要发生在湖面上，而非远离湖面的岸上。只有这样，湖面的蓝光才能影响画面中的角色，也才能让灵感不至于显得和画面内容格格不入，所以我设定了一个延伸到湖面上的码头，让首领们的会晤事件发生在这个码头之上。

至于世界观，依据自己的喜好设定即可。

这样，一个灵感就逐渐发展为可以视觉化的画面内容了。

总之，当你获得一个灵感的时候，就应该着手配备足以体现它的价值的画面表现因素，包括环境内容、时间、季节、天气和地理位置等，设法使灵感与画面各因素密切相融，这样灵感在画面中才能起到加分的作用，不恰当的"怪奇"是有损创作格调的。

（二）确定构图和构成方案

由于题材和世界观都比较熟悉，在这个创作里，我并没有查阅太多图片资料就直接进入了确定构图和黑白分阶方案的阶段。

1. 确定构图

一般来说，对于室外场景的创作，如果画面中没有太多形态规则的建筑的话，我会跳过三维建模，直接通过手绘确定基本构图。

我设想的构图，是以码头上的木桥为基本构成要素，安排角色和其他配景，见下图：

这是一个比较典型的"支点构图"方案。

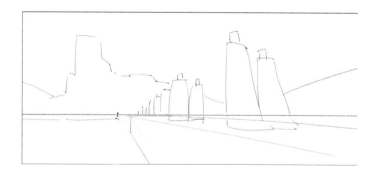

支点的意思就是：用实际内容不相同，但视觉分量大致相当的东西，来创造构图在抽象视觉上的平衡。

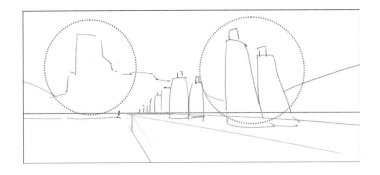

　　这幅图里支点的两端分别是左侧远处的城堡和右侧的角色。很显然，城堡在抽象构成上的意义就是用来平衡构图的，当然，它也得符合画面世界观和内容上的需要 —— 它也可以是一座单纯的山，但这样就不如具有中世纪特征的城堡来得巧妙了。

　　大致确定构图之后，可以拉线使透视变得更规范一些。

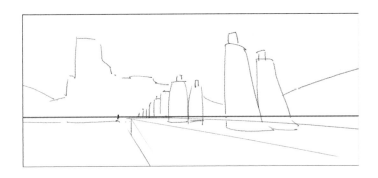

　　依旧先把视平线给确定出来。

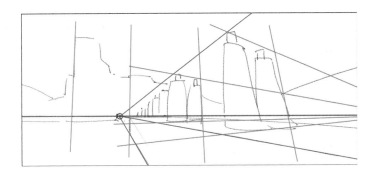

　　然后确定消失点。在这幅画中，形状比较规则的物件是码头的木桥，我们可以把它看作一个方块，分别确定左、右和上方的三个消失点。图中右边和上方的消失点已经在画面之外了。

把透视理对之后，就可以开始给创作设定一个黑白分阶方案了。

2. 确定构成方案

对于黑白分阶方案，我个人主张用更少的明度调子去表现更整体的画面关系，通常再复杂的场景，使用4—6个明度阶也足够了。

进行黑白分阶之前，我们可以对画面总体的层次关系做一个梳理：

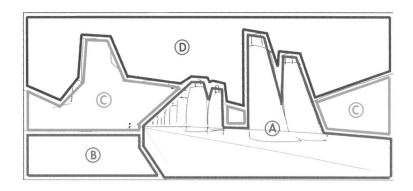

如上图，画面中的内容大体上可以分为四个层次，分别是：

A—— 角色和木桥；

B——发光的湖面；

C——远山和城堡；

D——天空。

黑白分阶处理的大致就是这四个层次的明度关系。

对于夜晚氛围来说，优先确定最亮的层次会让黑白分阶变得更容易一些。

一幅画里最亮的层次大致有两种可能，要么是自发光物体，要么是被光线直射的固有色较浅的表面。这幅图中没有什么浅色表面，只有两个自发光物体，一个是 B——发光的湖面，另一个是 D——天空。

我们必须在湖面和天空当中选出一个更亮的层次。

在上一小节里，我说过这幅画的灵感是"发光的湖面"，因此给它创造一个更暗的环境是明智之选，所以最亮的部分只能是 B——湖面。

选择一个较浅的明度调子绘制湖面层次：

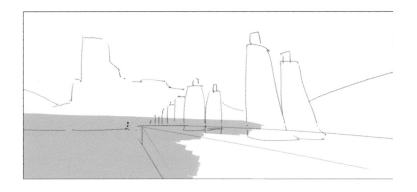

把天空的调子也给画了，不合适没关系，后面还可以改，先别让画面留白：

接下来，分析 A（角色和木桥）和 C（远山和城堡）的明度关系。

通常在大气透视里，固有色接近的表面，越远明度调子越浅，即 C 亮于 A；当然，也可能有例外的情况，例如 A，受到了更强烈的光照，则也可能亮于 C。

遇到这类难以判断的问题的时候，把方案都给画出来，往往就是最好的选择：

方案一：

强调角色和木桥受到湖水蓝光照射的亮部，这样的话，天空就要更暗一些，否则无法对角色亮部形成衬托。这种情况下，A（角色和木桥）可以亮于C（远山和城堡）。

　　方案二：

　　强调角色和木桥的整体轮廓，这样天空就可以更好地衬托角色的上半身。这种情况下，C（远山和城堡）可以亮于A（角色和木桥）。

　　最终我选择了第二个黑白分阶方案，我认为这个方案更干净清爽，秩序感也更好一些。

　　基于这个构成方案，我做了一个比较完整的线稿：

　　线稿并非创作过程中不可或缺的步骤，造型基础比较好的同学可以跳过这一步骤，直接使用色块表现画面的整体效果。

　　但是，线稿具备一个独特的功能，那就是它可以让你在创作早期就对将要绘制的具体内容心里有数。从这个角度看，那些在创作里迟迟无法把对象具体化的同学，可以考虑在创作前期先画一个线稿，这样可以有效地避免你在色调和气氛中迂回太长时间而耽误绘图效率。

（三）确定色调并开始整体塑造

　　通过上一步骤，我们已经确定了画面的构图，也把构成上的层次关系给定下来了。接下来，就可以进入确定色调和整体塑造的阶段了。

在这个阶段里，如果你没有特别大的把握，我还是建议按"从大到小，从少到多"的思路来处理画面。这里的大小和多少，指的是色块的面积和数量，让画面适当简洁一些有助于初期厘清画面的整体关系。

表现上，这个步骤可以相对轻松一点，不必太过严谨地要求塑造的精确性。

1. 确定色调

确定色调，其实就是在确定这个画面的色彩构成。再直白一些的话 —— 就是确定抽象上各个色块的比例。

根据色调的三种形成途径推敲色调问题，即：

大面积的某种固有色；

光色，包括直射光或漫反射；

作者主观决定。

一般而言，由固有色形成色调的画面需要满足一个条件，那就是具备相对明亮和低饱和的光照。因为只有这样，物体的固有色才能得到比较好的呈现。这个创作无法满足这样的光照条件，无论是发光的湖面还是天空，它们的光色要么饱和度太高，要么不够明亮。

我也并不想主观赋予这个画面以某个特别的色调，还是希望它具备客观的真实感。

于是只剩下光色可以选择，对照黑白分阶图：

我们到底应该把湖面的光还是天空光变成这个画面的色调呢？

有种说法是，哪个色光更亮，就把哪个色光变成色调。这是不对的。通常我会选择对画面影响面积更大的色光作为色调的来源。

也许你会问：

我们是否可以让湖面发出强烈的蓝光 —— 让蓝光把木桥、角色甚至远处的城堡和山都给照亮 —— 以获得更大的光照影响面积呢？

当然可以，但是这样会出现两个问题：

第一，这样就破坏了已经在黑白分阶图阶段里做好的明度和层次设定；

第二，还会使蓝光影响的区域变得与天空的面积相接近（几乎把画面均分为上下两个部分），这种均等的分割，在构成上的效果往往不会太理想。

所以，还是以天空光的影响作为主色调，湖面蓝光作为辅助色为好。那么，接下来的任务就是分别厘清两者的影响范围，在我过去尚缺乏绘画经验的日子里，我会画一些草图来分析光的影响范围。

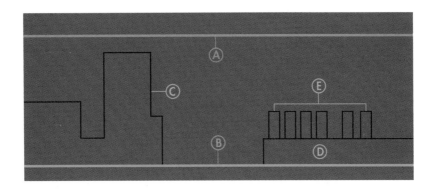

看上图，对应序号：A（天空）、B（湖面）、C（城堡和山）、D（码头木桥）、E（角色）。

在草图上把天空光和湖面蓝光的影响区域标记出来：

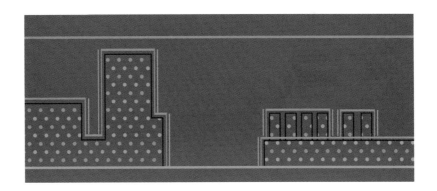

如上图，天空光影响了几乎所有的表面；湖面蓝光影响的主要是较垂直于湖面的立面。

从这个分析中可以得知：

从冷暖区分的角度看，湖面蓝光应该偏向于冷光，夕阳刚下山的天空是偏暖的；

物体朝向天空的表面应该偏暖，因为几乎只受到天空的暖光影响；

较垂直于湖面的立面同时受到湖面蓝光和天的影响，因此远离湖面的表面并不会太偏蓝，湖面蓝光影响到的主要是接近湖面的物体的立面。

这样关系就比较清楚了，直接在黑白分阶图的层次里尝试做个小色稿：

小色稿感觉还行的话，就可以结合线稿大胆地把颜色铺上去了。

2. 整体塑造

对比先前的小色稿，你可以看到，整体塑造阶段的铺色，基本上就是沿袭了小色稿的关系。在这个阶段的绘制过程中，你需要注意以下几点：

（1）添加小结构的时候，依然要牢记天空暖光和湖面冷光的影响区域，不要因为细节的增加而混淆明度和冷暖关系

添加了小结构之后，向上的面依然只受到天空光的影响；立面同时受到天空光和湖面蓝光的影响，并且远离湖面的立面，蓝光的影响逐渐衰减。

（2）铺色过程中，注意做好固有色的区分，避免画面色彩过分单调

观察上图，女巫的衣服是红色的，与首领披风的固有色不同，这些色相的差别在这个阶段要适当地做出区分。但也要警惕为了区分色相而过分夸大颜色的对比。

首领的护肩、护臂和配剑上包含一些金属材质，我们可以使用明度较高的冷色来绘制金属材质上的高光。初期就对特殊材质做出一些质感的暗示，有利于丰富画面效果。

（3）根据构成的需要补充辅助光源

对照左图线稿，如果把这两个角色概括看作两个圆柱体的话，它们在小色稿中的样子如右图，可以看到，效果是不太理想的。女巫的红袍在缺乏充足光照的情况下，很难拉开和其

他表面的固有色差异；首领的背光部分也显得很沉闷。

当你发现画面的构成效果不太好的时候，就应该通过调动故事中的现实资源（包括物体的位置、设计及光源）来协调构成关系。

比如：

给圆柱体后方增加一个暖色光源，这样不仅让暗部变得更通透，还创造了冷暖的对比；

当然，在现实中，这个暖色光源的存在必须有个说得过去的理由——士兵手中的火炬就

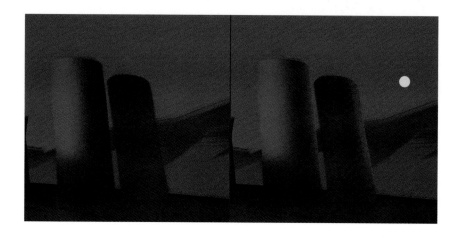

是一个可信的光源置换对象。

（四）逐步深化并完善画面

整个画面初步铺色完毕之后，如果没有特别大的构成问题，就可以开始考虑用"绕圈到处画"的方法将画面深化下去。

1. 绘制天空的渐变

当前的画面：

我个人的习惯总是从面积较大的部分开始深入，这样能尽快看出深入的方向是不是正确。如上图，天空占据了画面相当大的面积，且此时还处于缺乏弱对比的颜色平涂状态中。无疑，

从天空开始深化是明智的选择。

由于预先设定的气氛是太阳刚下山的状态，因此阳光的余晖对天空还有一些影响，这将使天空从高到低呈现出明度和色相的渐变 —— 通常接近地平线的部分更暖（受到余晖影响更多），

远离地平线的部分更冷一些。如果没有相关的视觉经验，一定要记得查阅参考资料。

可以看到，添加了这个渐变之后，画面显得自然了很多。

继续绘制了一些高饱和度的红云，这样天空的对比就比较和谐了。

对于初学者来说，添加这些具体的对比可能是一件容易使人沉迷其中的事情，你必须警

惕把对比画得太强——在这幅画中，天空的明度是不可以超过湖面的，这是我们之前确定下来的底层关系，不要因为一些吸引人的细节而去破坏它。

深化阶段添加上去的所有细节，如果你的心里没底的话，把对比画得弱一些总是会更保险。

2. 处理远景的色彩构成关系

通过整体的画面观察，我发现上图中虚线标记的远景在画面里显得比较突兀，为什么会这样呢？

原因在于：我在上一个步骤中给天空绘制的红云和色彩渐变，使天空的饱和度变高了，从而与偏冷的远景有些不太相融。

这个问题并不难解决，只需削弱远景高处被湖面蓝光影响的程度就可以：

如上图，让远景的高处偏暖之后，远景与天空的图底关系再次获得了和谐。

3. 丰富码头木桥的细节

与之前的对比：

Tips：为了便于观察，上图适当增加了曝光度。

材质笔刷可以暗示物体表面的结构特征，也可以给单调的材质增添信息量。在这个案例中，我使用了下图中这类粗糙的材质笔刷来绘制木头表面：

使用具有颗粒特征的材质笔刷进行绘图的时候，需要注意，材质笔刷的颗粒大小要匹配

透视关系。例如:

不要像图 A 这样均匀平铺材质肌理,这样会有损于画面空间感的表现;图 B 则是正确的

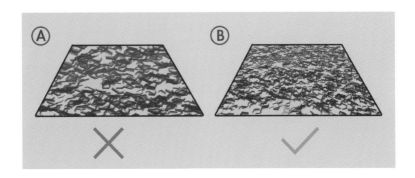

做法,根据透视近大远小的特征,适时缩放材质笔刷。

4. 丰富远景的细节

与之前的对比:

Tips:为了便于观察,适当增加了曝光度。

这幅画的远景是一组建在山石上的城堡。这类结构特征比较明确的物体,仅依靠材质笔刷来处理表面效果是不够的,多数时候还是得扎实地去塑造 ——也就是依照光影或光色的原理,添加表面结构的次要起伏。

丰富结构细节的操作步骤如下:

首先，无论多么复杂的形体，你都应该在第一时间把它视为基本几何体的组合或切削。

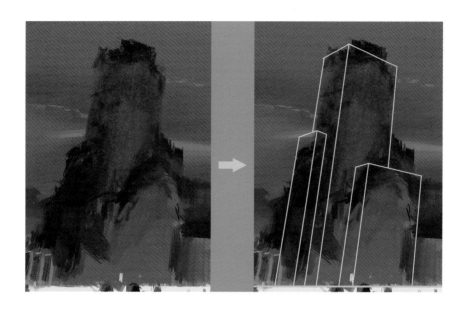

如上图，城堡和山石可以被概括为三个方块的组合。

观察城堡山体与湖的立剖面图（注意，以下图解仅为辅助理解的简化示意图）。

根据示意图，我们发现了湖面蓝光对城堡山体的光影影响特征为：

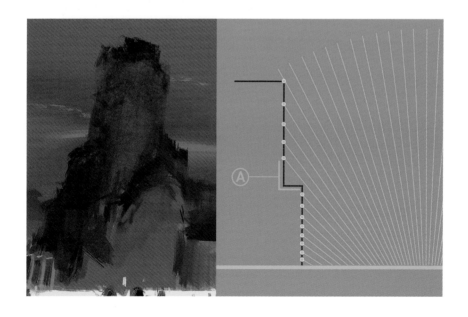

越接近湖面的部分越亮，越远离湖面的部分越暗 —— 光线与平面的接触点下密上疏；

结构的转折可能导致一部分表面无法受到蓝光照射，形成暗部。这部分表面更多受到天光影响而偏暖，例如图中标示了"A"的表面。

那么，当你在深化过程中，想要给简单的结构添加更多转折（即细节）的时候，上述两点依然需要牢记在心。不要只是被呈现细节的迫切愿望所驱使，而做出不假思索的涂色行为：

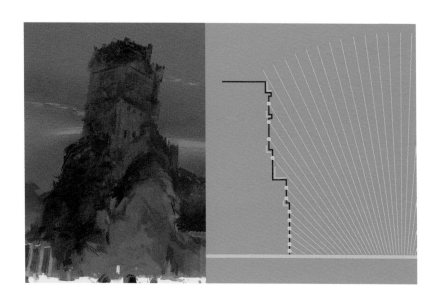

如上图，在彻底理解结构与光照的关系之后，逐步丰富起来的细节就比较整体和经得住推敲。

5. 深化角色 -1

使用曲线工具把画面整体调亮一些，然后对主要角色做一些深化。

局部对比1：

局部对比2：

局部对比 3：

在深化角色的过程中，尽可能保持角色的完成度与全图整体完成度一致，不要过分迷恋在细节里，逐步深化更稳妥。

6. 调整湖面光效

先前的画面显得有些过暗了。

由于普通物体的表面不可能比光源更亮，因此，如果我想要把其他物体变得更亮，前提就是光源先得变得更亮。

于是，在这个步骤中，我提升了湖面的明度，然后新建了图层模式为"线性减淡"的图层，给湖面上添加了一些光雾——这些光雾是由湖面蓝光照亮空气中的水汽和杂质形成的。

局部对比：

7. 丰富环境细节

如上图，我给山上添加了一些瀑布。加上这些发光的瀑布，会让湖水和山石的衔接更自然一点。

局部对比1：

局部对比2：

当你感觉画面中的两个元素不易相融，有些割裂的时候，可以考虑使这两个元素发生一些交错，例如：

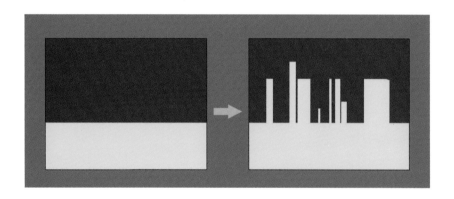

上右图中的短线，在撮合两个色块上的作用，本质上和我在山上加发光的瀑布是一个意思。

拓展思考一下，如果不加瀑布的话，还有没有其他功效接近的办法呢？

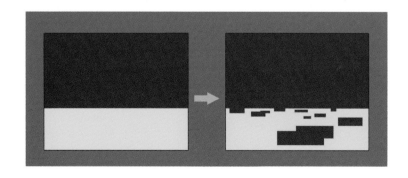

我们也可以让上面的山石元素出现在湖面上——对，类似于岛屿和礁石，这同样也是一种构成上的穿插关系。

8. 深化角色 -2

继续深化角色。

局部对比 1：

局部对比 2：

局部对比 3：

到了收尾阶段，想要提高角色刻画的效率的话，需要侧重处理好具有以下特征的局部：

边缘或轮廓；

不同材质的分界处；

转折强烈的部分；

区分材质的高光（如果有高光的话）。

这些局部相比其他地方更能吸引观众的注意力，如果能把它们画得更细致一些的话，整
体完成度给人的感觉也会更高。

9. 处理木桥与湖面的衔接

在木桥下方与湖面相交的部分，添加了大大小小的带有荧光的石头，完善衔接关系。

对比细节：

这些新增的石头，从抽象上看，起到的是明度上的过渡作用。

左图中，木桥与湖面交界处的明度对比太强烈了，这会让观众对此处形成不必要的关注。
想要削弱这个对比，可以在这两个极端的明度对比中间，安排一些明度居于两者之间的东西，
这样视觉强度就能被有效地降低。

10.修正透视方面的错误

在深化过程中，有时我们会在不经意间破坏了初期定好的透视关系，比如：

木桥、两个首领的头部的高度都可以匹配为统一的透视系统，但箭头所指的随从们的头部高度就不对了，这是深化过程中的疏忽，要把它修正过来。

这样就对了，他们比首领要矮一些。

11.处理局部衬托关系，完成创作

整体检查画面，发现下面这个地方的衬托关系不是太舒服，有些过度粘连了：

在两个层次之间，用喷枪类的画笔绘制一些火炬的光晕，对比细节：

最后，这个创作就算是完成了。

三、创作经验总结

无论是文字、影音还是图像作品，创作的动力根源都是自我表达。

作为设计师或插画师，创作的动力就是用图像的方式向外界或他人展示自己的想法 —— 无障碍地输出自己的想法该是多么令人兴奋的一件事，对吧。

在本书的开头，我说过，基础训练包括两类练习。

一类是单项练习，例如，专门针对结构、透视或构图的练习。一个单项练习的目的是重点解决某个专业问题。

另一类是综合练习，也就是创作。创作就是通过解决一系列的专业问题来表达想法的过程。这些专业问题在单项练习中应该都被针对性地操练过。与之不同的是，这一次你需要同时面对和解决它们。

这样看起来，似乎单项练习比综合练习要简单多了。是这样吗？

以我个人的经验看，也不对，也对。

说不对是因为：单项练习的难点是枯燥，重复的训练容易让人失去耐心。创作却很少会是枯燥的，因为创作总是基于新鲜的灵感和表达欲，创作的难点在于兼顾和协调。两者各有各的难。

说对是因为：一次失败的创作总是比一次失败的单项练习更让人感到沮丧。这不仅仅是因为前者需要我们投入更多的时间和精力。那种挫败感有时会导致一种迷茫——一种处处都有问题，处处都解决不好的困惑。这种糟糕的感觉在单项练习里不太常见，单项练习中出现的错误总是非常明确的。

我当然也是经历过这个阶段的，自曝一下黑历史吧：

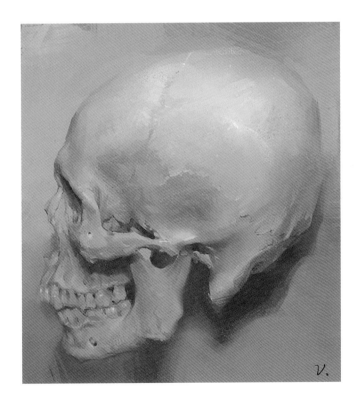

这是我自学 CG 绘画初期的一个临摹照片的练习，当时我很顺利地完成了这个单项练习，不夸张地说，心里那是满满的成就感。

于是，我趁热打铁，很快就尝试了一个创作：

然后就画出了上面这个玩意儿……可想而知，当时的我是有多么沮丧。我知道自己的这幅画存在问题，但问题又都不明确，也不知道应该从何开始着手改进，更不知道下一个创作会不会再给我来一个升级版的暴击。

坏消息是，我所经历过的这些挫折和沮丧，不出意外的话，你也得亲自体验上一遍。

好消息是，我会在接下来的内容里告诉你我的相关经验和心得。这样，在你未来面对那些挫折和沮丧的时候，不至于迷失方向和失去信心。

（一）无论如何，都不要停止创作

这是所有建议中最重要的一条 —— 无论如何，都不要停止创作。

创作的方法科学与否，会对你的进步速度产生影响，但即便方法不太科学，只要你坚持创作，多少也会获得一些经验，这些经验还是能够让你成长；停止创作可就不同了，停止创作等于停止进步。

找到停止创作的借口并不难，例如：

"目前基础太差了，创作不太现实，我还是先练练石膏几何体的照片临摹吧。"

"工作太忙了，抽不出一大段用来做完整创作的时间……"

类似这样的想法很多人都有吧？

我的一些建议：

"目前基础太差了，创作不太现实，我还是先练练石膏几何体的照片临摹吧。"

你确实需要做单项练习，但单项练习与综合练习（创作）并不矛盾，它们完全是可以同步进行的。你应该意识到，做出"先单项练习，能力好了再创作"的决定的原因，实际上是对创作的逃避，或者进一步说，是对失败的创作结果的畏惧。

"工作太忙了，抽不出一大段用来做完整创作的时间……"

创作并不见得非要用一大段时间来画，更不一定非得一次性画完。我在转行之前是一个室内设计师，加班也是常见的事情，但我还是每天尽可能腾出2—3小时用来练习（缩减了社交和娱乐时间），积少成多，创作量还是可以被积累起来的。如果没有那段时间的创作经验，很难想象自己后来能取得的进步。

总之，无论你的基础是否足够扎实，无论你的时间是否足够多，无论你处于绘画学习的哪一个阶段，都必须定期保持私人创作，创作是使创作变得更好的必要条件。

（二）有利于进步的创作选材

我在本书的第一章中解析了学习者常见的一些困惑，其中谈到了进步的两个类型，一种是"不会—会"；另一种是"会—熟练"，我个人的看法是，能够让你获得真正进步的是前者。

当你坚持创作一段时间之后，你在技术上的进步大体会经历三个阶段：

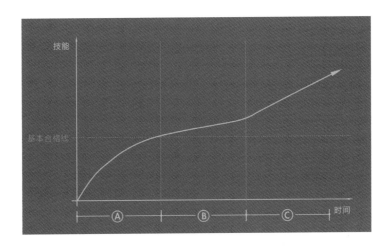

A阶段：由于知识和经验的不足，你在创作中会遇到大量的问题，在解决这些问题的过程中你获得了明显的进步，但你的能力还没能支撑起一次合格的创作（没能达到图中橙色的那条创作基本合格线），在设计和表现上都存在很明显的不足。

B阶段：经过理论学习和创作实践，你终于在能力提升到一定高度之后，可以做出合格的创作了——至少，"表达想法"的这个需求已经部分实现了。从某种角度而言，你的知识和经验似乎"够用了"。

C 阶段：继续获得明显的技能提升。

很多人都长期困扰在 B 阶段中。学习者处于这个阶段的特征是，创作勉强能够进行下去，创作成果也还算过得去，但进步速度显得很缓慢。

进步速度变得缓慢的内在原因是 —— 既然已经足够进行创作表现，人就会变得更依赖于已有的技能和知识，去做"会—熟练"类型的创作，而非"不会—会"的创作。

举个例子：

你可能已经画过20幅黄绿色调的创作了，它们占了你所有创作中的色调的80％，你在"如何使用黄绿色调进行创作"上已经非常熟悉了，积累了丰富的经验。

但你从来没画过一张粉红色调的图。

那么你就很容易在色调这个指标上，陷入 B 阶段的陷阱。透视、光影设定、构成方案、设计主题等也是同理，只画已经会的，就不可能有明显的进步。

因此，我们有必要在 B 阶段中做些什么来突破这种状态 —— 找到有利于进步的创作选材就是一个好办法。

什么样的创作选材会有利于进步呢？

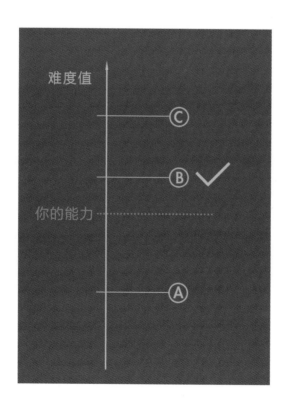

答案是难度值略高于你现有能力的题材。

如上图，假设橙色虚线处难度值的创作，是你目前已有能力的上限，那么最有利于你进步的是难度值位于 B 的创作选材。

A 对你来说太简单，虽然画起来非常顺畅，但它是不利于进步的"会—熟练"类型的创作；C 对你来说又太难，过早挑战难度太高的创作容易带来挫败感；略高于现有能力的难度则是合适的，你可以随着能力的提升逐步涉足难度更高的创作。

总结一下：

如果你的进步速度开始变得缓慢，试试多画一些很少画或没画过的东西，多做"不会—会"的创作；

如果你在创作中感觉过于顺利，或者是困难重重、毫无头绪，就可以考虑提升或降低创作选材的难度值，以获得更高的进步效率。

（三）适当而非完美的创作准备

据我观察，不少人之所以没能积累起足够提升技能的创作量，原因很可能在于"拖延症"。

通常人们会认为，如果某人热爱某个事物（比如绘画或设计创作），他应该会更加积极主动地投身去做这件事。但现实不一定是这样，有时恰恰是在自己热爱的事情上面，更容易产生拖延症，这多半是由于完美主义作祟。

你越在意一件事，越希望为它做好周全的准备，但过度的准备意义不仅不大，而且还是逃避操作的借口。

比如，在绘画创作中，有些人会在前期花费好长时间搜集资料，但显然他的创作根本用不到这么多参考资料 —— 他其实是在用更轻松的一个任务（查资料）来逃避另一件更复杂更难的任务（创作）。

假如每一次的创作，在动笔之前就已经消耗了大量的心力在"启动"上，你怎么可能还能保持旺盛的创作动力去积累更多的创作量呢？

因此我建议，对于创作，完全没必要把一切准备工作都做好了才开始（你要相信作为资深"拖延症"患者的我说的这句话：即便一切都做好了准备，你还是会觉得椅子不够舒服、空调温度是不对的），在做好适当准备之后，就可以开始动笔了。更何况，很多细节上的想法都是在操作过程中萌生出来的，在创作的最初，只要对所要表达的主要概念和目的心里有数就可以了。

（四）有限度地钻牛角尖

在创作中，我们不可避免地会遇到很多问题（如果毫无障碍那就真没意思了），乐观点看的话，这些问题都是我们进步的契机。所以出现问题是好事。

但是，遭遇问题之后，我们应该怎样去对待它呢？

两种错误的对待方式：

逃避，总是绕开问题继续画。

比如，画不出某个物体正确的质感，那就把这个物体改成其他质感。对于有时间限制的工作图来说，适当地绕开问题是可以理解的。但对于私人创作，我个人偏向于建议直面问题，哪怕是画不好，也要遵从"最适合"而非"最好画"的方向去画。

死磕一个问题，不搞定就不往下画。

这也不太好。有些表层问题的根源在底层上，这样的情况下你死磕表层问题是没有用的。例如，质感问题，有些同学画不好质感是因为结构就不对，在漫反射状态的光影也没法画对的情况下，纠结质感没有任何意义，而底层问题又不是短时间内就能解决的。

我认为比较正确的对待方式是：

当你遇到某个棘手的问题的时候，最好给自己设定一个解决它的时间限制，比如1—2天。在这个时间限制里，你尽可能通过查阅资料、绘制草图或理论学习的方式去尝试解决它。如果能解决，那当然最好，获得了一个可见的进步，值得高兴；如果不能解决，则说明这可能并非是一个短时间内就能解决的问题，那么就先硬着头皮往下画，完成这个创作中其他部分的挑战，事后再利用单项练习来逐步改善这个问题，这样就不至于因为一个障碍就拖垮了整个创作进度。

（五）始终贯彻取舍意识

创作中最难的部分是取舍，最考验创作者功力的部分，也是取舍。取舍不仅关乎审美，也和信息的传达效率密切相关。

我在本书的构成章节中说过，如果你让画面处处显得抢眼（赋予强对比），从全局看来，画面将会变得没有任何一处值得入眼。因为信息的传达缺乏了对比，精彩只有在平淡的衬托下才能显得精彩。

在我的经验中，但凡自己希望在创作的任何阶段里做到"兼得"，结果多数总是不尽如人意。经过许多类似的失败体验之后，我才发现，养成在创作里始终贯彻取舍意识的习惯是非常重要的。

这里的重点在于"始终贯彻"，不少人总以为取舍是最后的阶段才要认真对待的事情。这是错误的，取舍是一开始就要做好计划的事情。

以上一小节中的创作为例，在创作之初，我就已经在心里对几个表现主体（武士、下棋的猴子和大脑）做了取舍排序。这个重要性的取舍排序影响到了构图和光影氛围设置——如果我设定猴子是表现的重点，那我就会想办法削弱武士的对比度，比如通过特定光照的安排来减少细节的呈现等。因为我知道，如果观众多分配一分注意力在武士身上，猴子本该得到的关注就少了一分，总量是固定的，信息的传达质量和画面效果取决于我的取舍和比例分配。

要做好取舍，最重要的就是你得明白自己的表达重点究竟是什么。

这就和说话一样，想要让别人清晰地理解你说的话，自己就要明确说这句话的目的是什么（取），并减少那些容易削弱信息强度，甚至使概念发生混淆的修饰性表达（舍）。

总之，在我看来，无论如何强调取舍的重要性都是不为过的。我相信，实践得越多，你就会越认同我所说的这一点。

（六）享受你的私人创作

别误会，享受创作可完全不等于"画爽图"。

私人创作和商业作品的重要区别之一是：

没有人会在你创作之前给你提出各种要求，也没有人会为你的创作支付报酬。私人创作是极需要自我约束的一种创作行为。正确地对待它，它将使你的创造力和专业技术节节攀升，且后劲绵长；不当地对待它，它将让你的水平长时间原地踏步。

有人说，既然是私人创作，追求快乐难道不应该是最终目的吗？

我想说的是，通过创作探索更多未知的事物，追求更诚实的自我表达，甚至将认知能力提升到更高的水平才是我们应该追求的快乐。虽然，这与短暂创作过程中的折磨似乎显得有些矛盾，我更倾向于把这种矛盾视为一种痛并快乐的过程。

事实上，真正有意义的创作带来的快乐是极为短暂的，我并不介意向你描述我自己的创作感受：

对我而言，多数时候创作就像是导演一场精心布置的推理剧，想要做到含蓄却不含混地引导观众接近我最终希望告诉他们的真相，而且要让他们不觉得结果突兀 ——这需要大量的思考和判断。

而我又不希望一再重复自己已经熟练使用的那些推理套路，那么过程中就必然需要进行各种尝试，各种程度的失败就总是变得不可避免。坦白说，我可不觉得这个状态是令人愉悦的。

但当我终于完成了一个创作，证明了某种思路和判断"走得通，说得圆"的时候，快乐便会在一瞬间油然而生，这种思路和判断的证实，其成就感完完全全超过了承载它的这幅作品本身。于是顿时感到过程中那些纠结带来的痛苦都变得不值一提。再转头看看所谓的技术进步，感觉这简直就是附送的，诚然，我并非单纯为了进步而创作。

然后呢，你认为这种成就感和满足感会延续很久吗？

不不不……往往在很短的一段时间之后，你就会在画面中发现那些令人遗憾的、凭借现有能力暂时无法解决的问题，和一些本该做出更好选择的错误判断。有时，这种感受甚至在第二天你再一次看到这幅作品时就会出现，这不免多少让人感到有些沮丧。如果你愿意足够诚实地对待自己的创作的话，你就会发现，长此以往，谦虚将会是一个并不太难以获得的优良品质。

好在，作为创造者，只要创作不停止，就还有许多机会来修正或解决这些问题。悲观一点看的话，总觉得这像是一场没完没了的和自己的战斗，我想这大概就是一个合格的创造者的宿命吧。

享受你的私人创作吧，创造者。